Ambalaparambil Sudhikumar

Diversidade faunística e tendências recentes na taxonomia animal

Ambalaparambil Sudhikumar

Diversidade faunística e tendências recentes na taxonomia animal

ScienciaScripts

Cover image: www.ingimage.com

This book is a translation from the original published under ISBN 978-620-2-30891-5.

Publisher:
Sciencia Scripts
is a trademark of
Dodo Books Indian Ocean Ltd. and OmniScriptum S.R.L publishing group

120 High Road, East Finchley, London, N2 9ED, United Kingdom
Str. Armeneasca 28/1, office 1, Chisinau MD-2012, Republic of Moldova, Europe
Printed at: see last page
ISBN: 978-620-8-29288-1

Prefácio

Documentar e classificar a biodiversidade é fundamental para o estudo da vida. A história natural é fundamental e constitui a espinha dorsal de qualquer outra linha de investigação, como se pode verificar ao longo da história das ciências biológicas. A compreensão taxonómica do mundo natural é essencial para apreciar a diversidade dos ecossistemas e para avaliar o frágil equilíbrio com que estes ecossistemas executam as suas funções ecológicas. Numa era de tecnologia em rápido desenvolvimento e de investigação aplicada prioritária, são necessários esforços concertados para desenvolver as competências taxonómicas e sistemáticas e, por conseguinte, são oportunas e muito bem-vindas as conferências em que os historiadores naturais que trabalham sobre a fauna se encontram, apresentam os seus progressos e trocam conhecimentos. Este volume de actas sobre *diversidade faunística e tendências recentes na taxonomia animal* é um desses esforços. Inclui estudos sobre uma série de grupos de espécies de vários locais de estudo nos Ghats do sudoeste, dentro dos limites geográficos de Kerala. As conferências convidadas centraram-se no papel da taxonomia e da sistemática no inventário das espécies animais, nas mudanças de inspiração tecnológica mas controversas que estão a ocorrer no domínio da zootaxanomia e na diversidade de espécies de insectos e peixes.

Os estudos da série de artigos apresentados reflectem o entusiasmo e a curiosidade dos biólogos de campo desta parte dos Ghats Ocidentais. A variedade de grupos de espécies representados neste volume torna-o muito interessante - há estudos sobre aranhas, aves, zooplânctons, peixes, incluindo espécies ornamentais, uma série de insectos, micróbios, bichos-da-seda e mangais. Enquanto alguns são tentativas preliminares, a maioria são estudos detalhados utilizando ferramentas e técnicas morfológicas, moleculares, de micrografia eletrónica e bioquímicas. É importante salientar que os artigos sobre taxonomia dão esperança de que um campo maravilhoso e básico do conhecimento humano está a florescer e que muitas mentes jovens o estão a considerar interessante. Espero que os leitores apreciem e se inspirem nos estudos apresentados neste volume de actas. Como orador nesta conferência, gostaria de dizer que o entusiasmo que encontrei entre os participantes, enquanto discutiam a evolução da taxonomia e a sua forma moderna, foi promissor e estou certo de que isso se reflecte nos artigos deste livro. Os coordenadores desta série de conferências merecem um grande apreço por terem trazido uma série de taxonomistas/biólogos de campo para partilharem os seus conhecimentos e perspectivas, especialmente de uma região ecologicamente tão diversa mas vulnerável às actividades antropogénicas.

6 de fevereiro de 2018

Dr. Ramachandran Kotharambath

Universidade Central de Kerala

Colinas de Tejaswini, Kerala

Prefácio

A diversidade faunística é a variedade de toda a vida animal de uma determinada região ou época. A Índia possui algumas das regiões com maior diversidade faunística do mundo. A fauna da Índia tem sido estudada e registada desde tempos remotos nas tradições populares e, mais tarde, por investigadores que seguem abordagens científicas mais formais. A taxonomia é a ciência que consiste em nomear, descrever e classificar os organismos e inclui todas as plantas, animais e microrganismos do mundo. Utilizando observações morfológicas, comportamentais, genéticas e bioquímicas, os taxonomistas identificam, descrevem e organizam as espécies em taxa, incluindo as que são novas para a ciência. Infelizmente, o conhecimento taxonómico está longe de estar completo. Durante os últimos 250 anos de investigação, os taxonomistas nomearam cerca de 1,78 milhões de espécies de animais, plantas e microrganismos, mas o número total de espécies desconhecidas situa-se provavelmente entre 5 e 30 milhões.

thNo final do século XVIII, a estimativa do número de espécies na Terra era de cerca de um milhão. Durante os últimos 250 anos de investigação taxonómica, desde Linnaeus, descobrimos e identificámos cerca de 1,8 milhões de espécies, mas ainda não existe um inventário central. A este ritmo, para identificar mais 20 milhões de espécies seriam necessários 2500 anos de trabalho taxonómico. Para compreender qualquer coisa em ciência, as coisas precisam de ser nomeadas de uma forma que seja compreendida universalmente e devem agora ser dados passos importantes para promover o legado de Linnaeus e para se adaptarem aos desafios actuais. Os taxonomistas modernos consideram que os caracteres morfológicos grosseiros nem sempre são suficientes para fornecer meios de diferenciação na determinação da relação genética e evolutiva entre os taxa. A morfologia bruta forneceu, sem dúvida, a base e o enquadramento para a taxonomia. Mas tornou-se cada vez mais claro que as contribuições para a sistemática podem vir de quase todos os ramos da biologia. O taxonomista moderno deve, portanto, ter uma perspetiva mais alargada do que os seus antecessores. Diversidade faunística e tendências modernas na taxonomia animal é uma tentativa de discutir as tendências recentes no domínio da conservação da biodiversidade e da classificação animal.

Editor

Reconhecimento

A diversidade faunística vai desde a célula única até organismos que pesam muitas toneladas, como as baleias azuis e as lulas gigantes. Estima-se que cerca de cinco a trinta milhões de espécies de animais habitam a Terra; o número exato não é conhecido e todas as estimativas são aproximadas. A maior parte das espécies de animais são insectos, sendo que grupos como os moluscos, os crustáceos e os nemátodos são também especialmente diversificados. Nesta medida, o nosso próprio grupo, os vertebrados, é relativamente inconsequente do ponto de vista da diversidade. Continua a investigação sobre as relações evolutivas dos principais grupos de animais.

Os taxonomistas começam por classificar os espécimes em conjuntos separados que consideram e representam como espécies. Uma vez classificados os espécimes, a tarefa seguinte é verificar se já têm ou não nomes. Isto pode envolver a consulta de guias de identificação, a leitura de descrições escritas há 200 anos e o empréstimo de espécimes nomeados de museus ou herbários para comparação com a amostra. Esta comparação pode envolver a morfologia e a anatomia, ou mesmo a análise molecular do ADN. Se não houver correspondência, os espécimes podem representar uma nova espécie, sem nome previamente atribuído. O taxonomista tem então de escrever uma descrição, incluindo as formas como a nova espécie se pode distinguir das outras, e dar-lhe um nome, num formato latino. O nome e a descrição devem então ser devidamente publicados para que outros taxonomistas possam ver o que foi feito e possam eles próprios identificar a espécie. Desde a descoberta dos espécimes até à publicação do nome, podem decorrer vários anos.

A comissão organizadora aproveita esta oportunidade para expressar a sua sincera gratidão ao Dr. Joshi K.K., Cientista Principal e Chefe da Divisão de Biodiversidade Marinha, Instituto Central de Investigação das Pescas Marinhas, Kochi; ao Dr. John Prasanth Jacob, Cientista F, IFGTB, Coimbatore; ao Dr. P.M. Sureshan, Cientista D, Zoological Survey of India, Calicut; ao Dr. Aneesh E.M., Joseph's College, Irinjalakuda, Kerala; Dr. Ramachandran Kotharambath, Universidade Central de Kerala, por ter aceite prontamente despender o seu precioso tempo neste programa. Agradecemos também a participação de professores, investigadores e estudantes de várias instituições académicas, bem como do pessoal e dos estudantes do Christ College. Agradecemos também ao diretor e à direção do Christ College por terem dado todo o apoio necessário. Finalmente, o comité organizador agradece ao Conselho Estatal de Ciência, Tecnologia e Ambiente de Kerala (KSCSTE) e ao Conselho Estatal de Biodiversidade de Kerala (KSBB) pela concessão de assistência financeira.

Comité organizador

ÍNDICE

Capítulo 1

A PRÁTICA DO CÓDIGO DE BARRAS DE DNA BASEADO EM COI NA IDENTIFICAÇÃO DE ESPÉCIES E ANÁLISE FILOGENÉTICA DE *NEMORIA BISTRIARIA* (LEPIDOPTERA: GEOMETRIDAE) E *XANTHODES TRANSVERSA* (LEPIDOPTERA: NOLIDAE)

A.N. Anoopkumar[1] **e Aneesh E.M.**[2]

[1]Departamento de Zoologia, Christ College, Irinjalakuda, Universidade de Calicute
[2]Communicable Disease Research Laboratory, Department of Zoology, St. Joseph's College, Irinjalakuda

RESUMO

Um dos principais requisitos da taxonomia biológica é a identificação exacta e precisa das espécies. Os métodos convencionais, padrão-ouro, utilizam caraterísticas morfológicas para identificar organismos, incluindo traças (Lepidoptera). A identificação de espécies utilizando a aparência morfológica é um desafio quando os caracteres externos são prejudicados pelo manuseamento incorreto dos espécimes. Assim, a presente investigação teve por objetivo explorar a aplicabilidade do código de barras do ADN baseado no gene COI na taxonomia, a fim de estabelecer uma identificação estável das espécies de traças recolhidas em Wayanad, uma parte de Western Ghats, Kerala, Índia. Foi utilizado o método Neighbour-Joining para determinar a base evolutiva destas espécies selecionadas em relação a outras. A presente investigação conseguiu efetuar com êxito a análise filogenética de duas espécies de traças (Lepidoptera), *Nemoria bistriaria* e *Xanthodes transversa*. A sequência parcial do gene da citocromo oxidase I foi amplificada por PCR. As sequências COI de *N. bistriaria* e *X. transversa* foram depositadas no GenBank e estas sequências foram comparadas com as sequências obtidas do NCBI utilizando BLASTn. O gene COI parcial de *Nemoria bistriaria* mostra uma semelhança notável com o fragmento do gene COI de *N. bistriaria* com os números de acesso KT145222, GU093492 e GU091262 isolado do Canadá. Do mesmo modo, *X. transversa* apresentou mais de 98% de semelhança com os fragmentos do gene COI de *X. transversa* com os números de acesso HQ951631.1, HQ951632.1 e HM906230.1. Os resultados da presente investigação confirmam que a análise molecular baseada no gene COI identificou com êxito as traças selecionadas ao nível da espécie. A análise filogenética permite uma identificação taxonómica rápida com diversidade genética.

Palavras-chave: DNA barcoding, COI, filogenia, Lepidoptera

INTRODUÇÃO

A ordem Lepidoptera é constituída por mais de 160 000 espécies, incluindo borboletas, saltadores e traças (Kristensen et al., 2007). A maior diversidade de espécies de Lepidoptera representa aproximadamente 3% do biota mundial (Gaston, 1991; Hammond, 1992). A ordem Lepidoptera desempenha um papel importante no ecossistema como herbívoro, polinizador e principal fonte de alimento para animais de níveis tróficos superiores (Lacki et al., 2007; Proctor et al., 1996; Scoble, 1992). Para além disso, também têm um impacto substancial na população humana como pragas agrícolas (Roe et al., 2009). A identificação precisa e exacta dos insectos é crucial para a investigação entomológica, especialmente para a utilização dos recursos de insectos, incluindo o controlo de pragas (Gaston, 1992; Gaston & O'Neill, 2004). No entanto, os métodos tradicionais de identificação de uma espécie desconhecida são um processo relativamente moroso devido ao grande número de espécies de insectos (Gaston & O'Neill, 2004). Assim, o código de barras de ADN foi reconhecido como um método fiável para a identificação de espécies em taxa vertebrados e invertebrados (Hebert et al., 2003). O presente estudo foi efectuado para explorar a aplicabilidade da informação da sequência mitocondrial do gene CO1 na identificação de espécies.

MATERIAIS E MÉTODOS

Recolha de amostras, sequenciação de ADN e análise de dados: Foi utilizada uma armadilha luminosa para recolher as amostras de traça de diferentes locais de Wayanad, Kerala, Índia. O isolamento do ADN genómico foi efectuado utilizando o NucleoSpin® Tissue Kit (Macherey-Nagel). Foi feita uma eletroforese em gel de agarose para visualizar a sequência de ADN isolada. O gene COI foi amplificado utilizando o termociclador de PCR (GeneAmp PCR System 9700, Applied Biosystems). As sequências genómicas foram alinhadas utilizando o procedimento CLUSTAL W. O método Neighbour-Joining foi implementado para descobrir a história evolutiva das espécies de traça. O MEGA7 foi utilizado para efetuar a análise filogenética.

RESULTADOS

O presente estudo foi realizado para isolar e analisar as sequências de ADN genómico de duas espécies de traças, *Nemoria bistriaria* e *Xanthodes transversa,* recolhidas em vários locais de Wayanad, Kerala, Índia.

As sequências CO1 de duas amostras foram geradas e comparadas com sequências recuperadas do NCBI. As sequências genómicas isoladas da amostra de inseto produziram o produto de PCR com aproximadamente 658 pb para *Xanthodes transversa* e *Nemoria bistriaria.* As sequências genómicas de *Xanthodes transversa* revelaram 98% de semelhança com o número de acesso HQ951631.1. Além disso, as sequências genómicas isoladas de *Nemoria bistriaria* revelaram 90% de semelhança com o número de acesso KF388124.1. Os parâmetros de pesquisa de semelhança de nucleótidos no BLAST estão especificados no quadro 1.

DISCUSSÃO

A identificação precisa e exacta das espécies de traças era essencial. Os avanços nos métodos moleculares baseados em CO1 permitem-nos complementar a antiga identificação taxonómica das espécies de insectos (Leite, 2012). Como demonstrado na Figura 1 (a e b), as análises filogenéticas baseadas em CO1 revelaram agrupamentos distintos de espécies e os padrões de agrupamento podem apoiar fortemente a identificação morfológica. A análise de espécies baseada em CO1 produziu resultados bem sucedidos para a identificação taxonómica (Hebert et al., 2003a; Hebert et al., 2003b). Os resultados do presente estudo indicam que a codificação de barras baseada em COI é uma ferramenta útil em taxonomia para a identificação de espécies de insectos.

Tabela 1. Identificação das espécies com base nas sequências de nucleótidos de duas espécies de traças utilizando a pesquisa BLASTn da base de dados NCBI

Sl. No.	Sample Name	Species	Species and name of sequences from NCBI database	Matched location	BLAST parameters	
					Query cover	Ident
1	CDRL-001	*Nemoria bistriaria*	*Nemoria bistriaria* voucher PPBP-0598 cytochrome oxidase subunit 1 (COI) gene, partial cds; mitochondrial	Canada	100	90%
2	CDRL-002	*Xanthodes transversa*	*Xanthodes transversa* voucher 10ANIC-08908 cytochrome oxidase subunit 1 (COI) gene, partial cds; mitochondrial GenBank: HQ951631.1	Australia	100	98%

Figura 1. Análise de agrupamento Neighbour-Joining de sequências de traças do distrito de Wayanad de Kerala, Índia

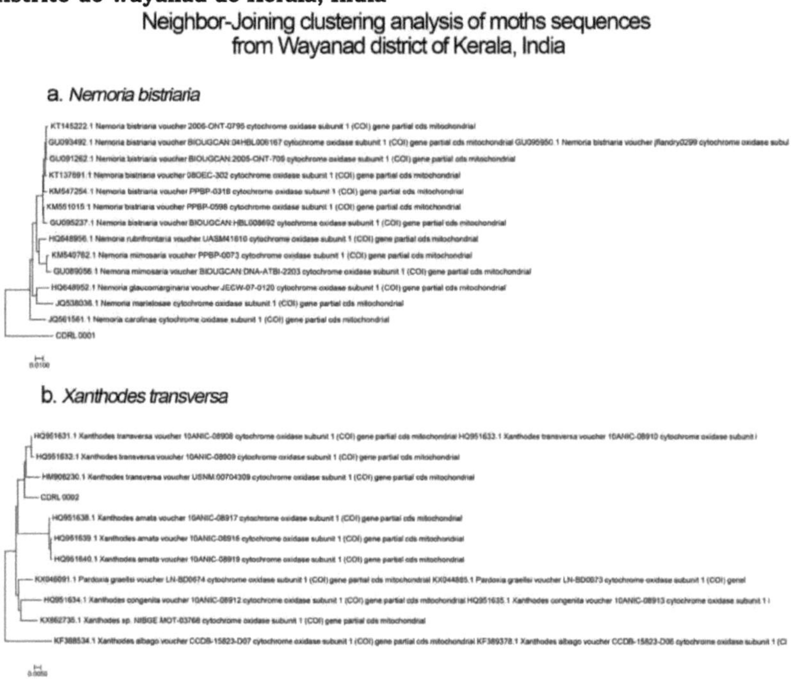

REFERÊNCIAS

Gaston K.J. 1991. The magnitude of global insect species richness. *Conservation Biology, 5*(3), 283-296.

Gaston K.J. 1992. Taxonomia dos taxonomistas. *Nature, 356*, 281-282.

Gaston K.J. & O'Neill M.A. 2004. Identificação automatizada de espécies: porque não? *Philosophical Transactions of the Royal Society of London B: Biological Sciences,* 359 (1444), 655-667.

Hammond P. 1992. Species inventory *Global Biodiversity* (pp. 17-39): Springer.

Hebert P.D., Cywinska A. & Ball S.L. 2003a. Biological identifications through DNA barcodes. *Proceedings of the Royal Society of London B: Biological Sciences, 270*(1512), 313-321.

Hebert P.D., Ratnasingham S., & de Waard J.R. 2003b. Barcoding animal life: cytochrome c oxidase subunit 1 divergences among closely related species. *Proceedings of the Royal Society of London B: Biological Sciences, 270*(Suppl 1), S96-S99.

Kristensen N.P., Scoble M.J., & Karsholt O. 2007. Lepidoptera phylogeny and systematics: the state of inventorying moth and butterfly diversity. *Zootaxa, 1668*(699), e747.

Lacki M.J., Johnson J.S., Dodd L.E. & Baker M.D. 2007. Prey consumption of insectivorous bats in coniferous forests of north-central Idaho. *Northwest Science, 81*(3), 199-205.

Leite L.A.R. 2012. Pseudogenes mitocondriais no DNA barcoding de insetos: pontos de vista diferentes sobre a mesma questão. *Biota Neotropica, 12*(3), 301-308.

Proctor M., Yeo P. & Lack A. 1996. *The natural history of pollination*: HarperCollins Publishers.

Roe A.D., Weller S.J., Baixeras J., Brown J., Cummings M. P., Davis D., Rubinoff D. 2009. Quadro evolutivo para sistemas modelo de Lepidoptera. *Genetics and molecular biology of Lepidoptera*, 1-24.

Scoble M.J. 1992. *The Lepidoptera. Form, function and diversity*: Oxford University Press.

Capítulo 2

ESTUDOS SOBRE A FAUNA CERCARIANA DE ALGUMAS REGIÕES HÚMIDAS DO DISTRITO DE THRISSUR, KERALA

Brinesh R.

Departamento de Zoologia, Sreekrishna College, Guruvayoor

brineshr@gmail.com

RESUMO

Cinco espécies de caracóis de água doce recolhidas em diferentes massas de água do distrito de Thrissur durante o período de junho de 2015 a dezembro de 2016 foram investigadas quanto à sua fauna de cercarias. Verificou-se que os caracóis *Lymnaea luteola* (Lamarck) e *Indoplanorbis exustus* (Deshayes) estavam infetados com 7 espécies de cercárias. Entre elas, 5 espécies de cercárias já tinham sido registadas; 2 delas eram conhecidas pelo seu adulto. Verificou-se que duas cercárias eram diferentes das cercárias já conhecidas em termos de morfologia e morfometria, pelo que são aqui registadas como novas espécies. Estas cercárias estão agrupadas em espécies de *cercárias Furcocercous* (4 espécies), *cercárias Echinostome* (2 espécies) e *cercárias Xiphidio* (1 espécie).

Palavras chave: Cercaria, Caracóis de água doce, *Lymnaea luteola*, *Indoplanorbis exustus*

INTRODUÇÃO

[th]O estudo dos trematódes larvares começou no início do século XVIII, quando estes estádios eram considerados trematódes adultos e ninguém suspeitava da necessidade de mudança de hospedeiros para completar o ciclo de vida destes parasitas. O termo 'Cercaria' foi introduzido por Muller (1773), que o utilizou como nome genérico para descrever os animais microscópicos com cauda. Abildgaard (1790) descreveu um trematódeo larvar, mas este foi considerado um trematódeo adulto. [th]No início do século XIX, as cercárias foram descritas como organismos independentes de posição taxonómica desconhecida. Na Índia, os trematódeos larvares que infectam os caracóis em várias partes do país têm sido objeto de investigação exaustiva há mais de um século. Liston e Soparkar (1918), os trabalhadores pioneiros, determinaram a larva de *Schistosoma spindalis*. Após a publicação do estudo de Sewell (1922) sobre cercárias, muitos trabalhadores na Índia começaram a concentrar a sua atenção nas larvas de trematódes. Surgiram várias publicações sobre cercárias, algumas tratando de relatórios sobre cercárias individuais e outras dedicadas a estudos mais abrangentes. Apenas existe informação fragmentária sobre a fauna de cercárias de Kerala. O objetivo da presente investigação é lançar mais luz sobre a sistemática e a biologia dos cercários que infectam caracóis de água doce no distrito de Thrissur, Kerala. Uma vez que o conhecimento da fauna cercariana pode fornecer informações valiosas para a conceção de medidas de controlo contra a infeção por digenéticos.

Cinco espécies de caracóis de água doce, *Bellamya bengalensis* (Mueller), *Pila virens* (Lamarck), *Lymnea luteola* (Lamarck), *Indoplanorbis exusuts* (Deshayes) e *Gyraulus convexiusculus* (Hutton), recolhidas em algumas regiões húmidas do distrito de Thrissur durante o período de junho de 2015 a dezembro de 2016, foram investigadas quanto à sua fauna de cercárias. As novas espécies de cercárias são descritas e designadas como *Cercaria* sp. I a II série Thrissur para designar a localidade de recolha.

Sete espécies conhecidas de cercárias foram obtidas de 2 espécies de caracóis. Os adultos de 5 delas são conhecidos e, por conseguinte, são referidos pelos nomes dos seus adultos ou pelo nome das suas cercárias. Foram recolhidos e apresentados dados sobre a prevalência da infeção. À luz da informação disponível, é apresentada uma discussão geral sobre a especificidade do hospedeiro e alguns outros aspectos das relações parasita-hospedeiro das cercárias.

MATERIAIS E MÉTODOS

Os caracóis de água doce pertencentes a 5 espécies foram recolhidos em arrozais, valas, lagoas, riachos, rios e outras zonas alagadas no distrito de Thrissur, Kerala, de junho de 2015 a dezembro de 2016. Os caracóis foram colhidos à mão e com uma rede manual. Os caracóis recolhidos foram levados vivos para o laboratório e observados para deteção de cercárias. As cercárias frescas que emergiram naturalmente foram submetidas a estudos pormenorizados sobre a sua morfologia e comportamento. O comportamento de natação das cercárias foi estudado transferindo-as para placas de Petri contendo água e observando-as num microscópio binocular de dissecação. Em seguida, as cercárias foram transferidas para uma lâmina de vidro contendo algumas gotas de água, coradas supravitalmente com vermelho neutro, sulfato de azul do Nilo ou azul de toluidina, cobertas com uma lamela e observadas num microscópio de investigação trinocular Carl Zeiss Axioscope two plus para estudar os seus pormenores estruturais. As medições foram efectuadas em espécimes mortos pelo calor. As montagens permanentes de cercárias foram preparadas após fixação em AFA e coloração em alúmen-carmim, seguindo o procedimento descrito por Cantwell (1981). As medições foram efectuadas com a ajuda de um micrómetro ocular calibrado. Todas as medições são dadas em micrómetros (µm), como o intervalo seguido da média entre parênteses. As descrições das cercárias são baseadas em medições de 20 espécimes. As fotografias foram tiradas com um microscópio de investigação trinocular Carl Zeiss Axioscope two plus.

Foram recolhidos dados sobre a prevalência e a intensidade da infeção por trematódes. Os termos ecológicos "prevalência", "intensidade" e "local" aqui utilizados estão de acordo com a definição de Margolis et al. (1982).

RESULTADOS

No total, foram recuperadas e estudadas 7 espécies de cercárias, incluindo 2 espécies novas. Estas pertencem a 5 categorias: *Furcocercous cercaria* (4 espécies), *Echinostome cercaria* (2 espécies), *Xiphidio cercaria* (1 espécie). São apresentadas descrições pormenorizadas para todas as novas espécies e são designadas como *Cercaria* sp. I a II da série de Thrissur. O número da série é seguido de Thrissur porque as localidades de recolha dos caracóis pertencem à região de Thrissur em Kerala. As novas espécies de cercárias foram recuperadas de *Lymnaea luteola* (Lamarck) e *Indoplanorbis exustus* (Deshayes). Cinco espécies conhecidas de cercárias foram obtidas de duas espécies de caracóis. Os adultos de duas delas são conhecidos e, por conseguinte, são referidos pelos nomes dos seus adultos. Trata-se de cercárias de *Clinostomum piscidium* Mehra 1947 e *Schistsoma indicum* Srivastava e Dutt, As outras duas cercárias conhecidas são *Cercaria* sp. XVII Kerala, Mohandas 1971 e *Cercaria indiicae* XVIII Sewell 1922. As espécies de cercárias recuperadas, os seus hospedeiros e a prevalência da infeção estão resumidos no Quadro 1.

DISCUSSÃO

É interessante notar que todos os caracóis infectados não foram igualmente preferidos pelas cercárias recuperadas durante a investigação. *Indoplanorbis exustus* foi o hospedeiro mais preferido com uma prevalência de 1,97, seguido de *Lymnaea luteola* com 0,97 (Quadro 2). As 7 espécies de cercárias mostraram níveis rigorosos de especificidade de hospedeiro, cada uma com o seu próprio hospedeiro caracol.

RECONHECIMENTO

O autor está grato às autoridades da UGC pelo apoio financeiro sob a forma de Projeto de Investigação Menor e ao Chefe do Departamento de Zoologia do Sreekrishna College, Guruvayoor, por disponibilizar as instalações laboratoriais necessárias.

Tabela 1. Resumo das cercárias recuperadas, seus hospedeiros e prevalência da infeção (Presente estudo)

SI No	Cercaria	Host	Number of Host Examined	Infec ted	Preval ence	Locality
Furcocercous cercariae						
1	Cercaria of *Clinostomum piscidium*	*Lymnaea luteola*	**140**	5	3.57	Mattom, Kechery
2	Cercaria of *Schistosoma indicum*	*Indoplanor bis exustus*	**65**	3	4.62	Enamavu
3	*Cercaria* sp. XVII Kerala	*Indoplanor bis exustus*	55	3	5.45	Mattom
4	*Cercaria* sp. I Thrissur	*Indoplanor bis exustus*	70	4	5.71	Arimbur
5	Cercaria of *Petasiger variospinosus*	*Indoplanrb is exustus*	50	2	4	Mattom
6	*Cercaria* sp. II Thrissur	*Lymnaea luteola*	57	3	5.26	Mattom, Enamavu
7	*Cercariae indicae* XVIII	*Indoplanor bis exustus*	67	5	7.46	Mattom

Tabela 2. Prevalência de infeção cercariana em caracóis de água doce

Sl. No.	Snail	Infected	Examined	Prevalence
1	*Bellamya bengalensis* (Lamarck)	0	792	0
2	*Pila virens* (Lamarck)	0	155	0
3	*Lymnaea luteola* Lamarck	8	845	0.97
4	*Indoplanorbis exustus* (Deshayes)	17	865	1.97
5	*Gyraulus convexiusculus* (Hutton)	0	150	0
Total		**25**	**2807**	**0.89**

REFERÊNCIAS

Abildgaard P.C. 1790. Almindelgie Betragtnnger over involdorme, bemaerkinger ved Hundsteilens Baendelorum Skr. of Natur. *Selsk. Kojobenh.*, 1: 26-54.

Cantwell G.E. 1981. Métodos para invertebrados. In: Staining procedure (Clark, G. ed.) Williams and Wilkins, Baltimore, 255-280.

Margolis L., Esch G.W., Holmes J.C., Kuris A.M. & Schad G.A. 1982. The use of ecological terms in Parasitology (Report of an adhoc committee of the American society of Parasitologists). *J. Parasitol*, 68(1):131- 133.

Muller O.F. 1773. Vermium terrestrium et fluviatilium, seu animalium infusorum, helminthi corum, et testaceorum, non marinorum, succinct historia. Havinae et Lipsiae 1(1). *Infusórios*, 1-135.

Sewell R.B.S. 1922. *Cercariae indicae. Indian J. Med. Research*, 10: 1370.

Soparkar M.B. 1921. A cercaria de *Schistosoma spindalis. Indian J. Med. Res.*, 9: 1-22.

Capítulo 3

CRIAÇÃO EM MATERNIDADE DE PEIXES ORNAMENTAIS *(POECILIA RETICULATA)* UTILIZANDO ALIMENTOS VIVOS DE ZOOPLÂNCTON

Desny Davis* e Britto Joseph

Departamento de Investigação e Pós-graduação em Zoologia
St. Thomas' College (Autónomo), Thrissur - 680001, Kerala
**desnydavis28@gmail.com*

RESUMO

A cultura de peixes ornamentais está atualmente a receber grande importância em Kerala, cujo sucesso depende do fornecimento de alimentos para larvas de baixo custo. *A Poecilia reticulata* é uma das espécies mais populares e ornamentais de aquário, criada em várias maternidades comerciais. Muitas larvas de peixes, incluindo *P. reticulata*, requerem alimentos vivos no início da alimentação exógena. O sucesso da cultura de peixes ornamentais depende da produção de um stock saudável e livre de doenças, mantido através do fornecimento de alimentos adequados. Para obter um bom retorno da piscicultura ornamental, é necessário conceber técnicas de baixo custo para a produção em massa de uma dieta rica em nutrientes, especialmente como alimento vivo. O objetivo geral deste estudo foi avaliar o zooplâncton como alimento vivo para a criação de larvas *de Poecilia.* Juntamente com os alimentos vivos, foram também fornecidos alimentos artificiais comerciais, de modo a comparar a sua influência no crescimento. Os resultados mostraram que os alimentos vivos proporcionam uma fonte de alimento rica em nutrientes muito mais barata para uma melhor sobrevivência e crescimento do que os alimentos peletizados. Assim, a produção, o fornecimento e a utilização óptima de alimentos vivos autóctones podem reduzir as despesas da cultura de peixes ornamentais em maior medida do que os alimentos artificiais.

Palavras chave: Incubadora, Peixes ornamentais, Zooplâncton, Alimento vivo

INTRODUÇÃO

A cultura de peixes ornamentais requer uma dieta rica em nutrientes para o crescimento e a sobrevivência das suas fases larvares. Mandal et al (2009) indicou que os hábitos alimentares dos peixes em massas de água naturais são diferentes consoante as espécies, mas todos os peixes necessitam de alimentos vivos ricos em proteínas para o seu melhor crescimento, reprodução eficiente e sobrevivência. O zooplâncton constitui um dos principais alimentos para as larvas de peixes que vivem em águas naturais e, por conseguinte, torna-se um componente integral das redes alimentares aquáticas. Estudos anteriores mostraram que contêm todos os nutrientes, como proteínas essenciais, lípidos, hidratos de carbono, vitaminas, minerais, aminoácidos e ácidos gordos, sendo por isso vulgarmente conhecidos como "cápsulas vivas de nutrição" (New, 1998).

O sucesso da aquacultura depende do fornecimento constante de alimentos vivos saudáveis, minimizando a utilização de dietas artificiais. As larvas de peixes de barbatanas e de conchas requerem alimentos vivos mais baratos para o seu crescimento e sobrevivência óptimos, em vez de alimentos granulados, porque estes constituem uma dieta rica em proteínas facilmente digerível para os peixes. Os zooplânctons em geral e os rotíferos, copépodes e cladóceros em particular são organismos importantes para as fases de desenvolvimento fácil de muitas espécies cultiváveis comercialmente importantes (Sorgeloos et al, 1980). Os alimentos vivos são essenciais para o crescimento das formas larvares porque são prontamente ingeridos e digeridos mais facilmente (Kinne, 1997; Jirasek et al, 1997). Watanabe et al, 1978 mostraram que o fornecimento de alimentos vivos não afecta a qualidade da água e tem factores de crescimento essenciais para as larvas de peixe.

A produção em massa de alimento vivo torná-lo-á uma fonte de alimento barata e facilmente disponível para ser utilizada em maternidades de peixes. Durante os 10-30 dias iniciais de alimentação exógena, as larvas de peixe são alimentadas com uma ou duas variedades diferentes de zooplâncton, como rotíferos, cladóceros e copépodes (Hagiwara et al. 2001; Mehrajudinwar & Altaff, 2010; Santhanam & Perumal, 2012). Hagiwara et al. (2001) salientaram que os rotíferos são o alimento vivo inicial para as primeiras fases de desenvolvimento das larvas de boca pequena. Os copépodes são também mais vantajosos como alimento inicial. Os cladóceros são também um alimento preferido devido ao seu tamanho mais pequeno e ao seu elevado comportamento locomotor.

Na presente investigação foi feita uma tentativa de criar larvas *de Poecilia reticulata* usando uma mistura de diferentes alimentos vivos de zooplâncton, tais como rotíferos, cladóceros e copépodes. *A P. reticulata* é uma das espécies ornamentais de aquário mais populares e economicamente importantes, criada em maternidades comerciais de peixes, que pode desenvolver-se bem em diferentes condições ambientais e ecológicas. São também utilizados como organismos modelo no domínio da ecologia, evolução e estudos comportamentais.

MATERIAIS E MÉTODOS

A recolha periódica de zooplâncton foi feita nas lagoas de água doce da aldeia de Thiroor, no distrito de Thrissur, utilizando uma rede de plâncton feita de seda de 70μm. As recolhas foram efectuadas de manhã, entre as 7 e as 9 horas, e as amostras de zooplâncton recolhidas foram armazenadas em garrafas de plástico cheias de água do lago. As garrafas foram mantidas abertas e colocadas dentro de baldes cheios de água, de modo a minimizar as flutuações de temperatura. Os parâmetros físico-químicos do meio de cultura foram registados periodicamente, todas as semanas. Foi-lhes fornecida alimentação adequada durante o período de cultura. As densidades populacionais das espécies cultivadas foram determinadas e contadas ao microscópio de dissecação, utilizando a célula de pavio de Sedge.

A cultura de reserva foi mantida no laboratório através da introdução de *Poecilia reticulata* adulta, na proporção de um macho e três fêmeas, num tanque de reprodução com 40x30x20 cm de capacidade, cheio com 5 litros de água. Foram colocados cascalhos e seixos multicoloridos em diferentes camadas até 6 cm. Foram colocadas plantas de aquário para criar um ambiente natural, bem como um esconderijo para os juvenis. O fornecimento constante de oxigénio foi feito artificialmente através de um arejador. Os peixes foram alimentados com alimentos naturais e artificiais uma vez por dia. A água do tanque era mudada periodicamente. Depois de uma reprodução bem sucedida, os adultos foram separados do aquário.

Foi introduzido um número total de vinte larvas em cada um dos tanques designados por A e B. As formas larvares do tanque A receberam uma dieta de zooplâncton e as formas larvares do tanque B receberam alimentos peletizados. Os ensaios de alimentação foram efectuados durante mais de 10 semanas. A alimentação foi dada duas vezes por dia. Os sedimentos e os organismos mortos do tanque foram removidos diariamente, sem causar qualquer perturbação às formas larvares.

A diferença entre o número de peixes colocados antes da experiência e o número de peixes colhidos no fim da experiência foi usada para calcular a percentagem de sobrevivência. Foi efectuada uma comparação dos parâmetros de crescimento através da alimentação com alimentos naturais e artificiais. Os peixes também foram amostrados no final do período experimental para avaliação do crescimento e da sobrevivência. O comprimento e o peso dos peixes foram medidos ao acaso nos tanques experimentais e os dados foram utilizados para análise posterior. Os parâmetros como ganho de comprimento, ganho de peso, taxa de sobrevivência e taxa de crescimento específico foram calculados utilizando as seguintes equações.

Ganho de comprimento das larvas (mm) = Comprimento médio final das larvas - Comprimento médio inicial das larvas

Ganho de peso das larvas (g) = Peso médio final das larvas - Peso médio inicial das larvas

Taxa de crescimento específico = (Peso final das larvas de peixe - Peso inicial das larvas de peixe × 100) ÷ Duração do período experimental

Taxa de sobrevivência (%) = (N.º de larvas de peixe sobreviventes × 100) ÷ N.º de larvas de peixe introduzidas

RESULTADOS

Os parâmetros físico-químicos do meio de cultura de zooplâncton apresentados no quadro 1 indicam que os zooplânctons e as larvas necessitaram de um pH e de uma temperatura óptimos durante a sua cultura. Os parâmetros físico-químicos do meio de cultura de larvas *de P. reticulata* são apresentados no quadro 2. Os resultados da experiência de alimentação realizada com zooplâncton e ração peletizada, apresentados no quadro 3, indicam que as larvas *de P. reticulata* sobrevivem bem e crescem significativamente melhor alimentadas com zooplâncton do que com ração peletizada. 90% das larvas alimentadas com alimento vivo sobreviveram, ao passo que apenas 60% sobreviveram das que foram alimentadas com alimento artificial. Isto mostra que as larvas utilizaram os alimentos vivos de forma mais eficiente do que os alimentos comerciais peletizados. A análise dos dados relativos ao comprimento e ao ganho de peso das larvas *de P. reticulata* alimentadas com zooplâncton revelou um aumento progressivo, ao passo que no caso das larvas alimentadas com ração comercial peletizada, o comprimento e o ganho de peso foram comparativamente inferiores.

Tabela 1. Parâmetros físico-químicos do meio de cultura de zooplâncton

Period of study	pH	Temperature °c	Dissolved oxygen mg/L
June- 2017	7.0	26	3.1
July	7.0	27.7	3.45
August	7.1	27.9	3.65
September	7.2	28	3.52
October	7.3	28	3.5
November	7.4	28.1	3.6
December-2017	7.8	28	3.8

Tabela 2. Parâmetros físico-químicos do meio de cultura de *P. reticulata*

Environmental parameters	Zooplankton diet	Pellet feed
Surface water temperature (°C)	26.00	27.00
pH	8.12	7.9
Salinity (psu)	7.1	6.01
Dissolved oxygen (mg/l)	5.14	5.10
Nitrate (mg/l)	10.25	15.12
Ammonia (mg/l)	0.13	0.16

Tabela 3. Desempenho de crescimento das larvas *de P. reticulata* alimentadas com diferentes alimentos durante 50 dias de ensaios de alimentação (média ± DP)

Growth parameters	Zooplankton diet	Pellet feed
Initial length of fishes (cm)	1.21±0.10	1.21±0.10
Final length of fishes (cm)	3.11±0.24	2.32±0.06
Gain in length (cm)	1.9	1.11
Initial weight of fishes (g)	0.02±0	0.02±0
Final weight of fishes (g)	0.19±0	0.09±0
Gain in weight (g)	0.17	0.07
Specific growth rate (%)	0.34	0.14
Survival rate (%)	90	60

DISCUSSÃO

O presente estudo revelou que os zooplânctons são o alimento mais eficaz a ser fornecido às larvas de peixe. O sucesso da incubação de peixes está ligado à disponibilidade imediata de alimentos vivos, nomeadamente zooplânctons. Os zooplânctons foram selecionados como fontes de alimento vivo para a cultura de larvas devido ao seu elevado valor nutritivo e à viabilidade económica da sua produção em massa. Para além da composição nutricional, estes organismos são preferidos como alimento vivo pelas primeiras larvas de peixe devido ao seu tamanho mais pequeno e maior poder locomotor. O movimento brusco dos cladóceros torna-os mais visíveis para as larvas de peixe. A importância dos rotíferos para atrair as larvas de peixe, devido ao seu pequeno tamanho e à sua atividade de natação lenta, também foi referida por Santamaria (2011). Os copépodes têm sido utilizados para criar as larvas e os alevins de peixes devido ao seu tamanho e movimento adequados (Luis et al. 2010). Investigadores anteriores desenvolveram algumas técnicas para a cultura em massa de zooplânctons utilizando diferentes estratégias. O presente estudo também está de acordo com os resultados obtidos por investigadores anteriores, que indicam que o crescimento e o desenvolvimento das larvas *de P. reticuata* são mais elevados quando se fornece uma dieta viva composta por zooplâncton, em comparação com a alimentação peletizada.

CONCLUSÃO

O zooplâncton é adequado como alimento vivo para a criação dos primeiros alevins e larvas de peixe. A cultura de zooplâncton cultivada no laboratório era composta por rotíferos, copépodes, cladóceros e ostracodes. O maior comprimento e ganho de peso obtidos no presente estudo podem ser atribuídos ao rico teor de nutrientes presente na dieta de zooplâncton. O aumento da taxa de crescimento específico e a maior taxa de sobrevivência indicam que as rações vivas de zooplâncton são melhores para a cultura de peixes ornamentais do que as rações secas peletizadas.

RECONHECIMENTO

O presente trabalho foi realizado no âmbito de um projeto de investigação de estudantes atribuído pelo Projeto KSCSTE n.º 159/SPS62/2017/K, e é reconhecido com gratidão. Os nossos agradecimentos também são devidos ao Diretor, ao HOD e à Direção do St. Thomas' College (Autónomo) por disponibilizarem as instalações necessárias.

REFERÊNCIAS

Abdul Kadhar, Arun Kumar, Jawahar Ali & Akbar John 2014. Estudos sobre a sobrevivência e o crescimento de alevins de *Catla catla* (Hamilton, 1992) utilizando alimentos vivos. *Jornal de biologia marinha.* 41: 613-640.

Altaff K. & A. Janakiraman 201). Impacto de diferentes alimentos no canibalismo nas primeiras fases larvares da carpa Koi (*Cyprinuscarpio*). *J. Appl. Biol. & Biotechnol.* 1(4) 35-39.

Budhin G., Vivekanandan S. & Debangshu Narayan Das 2016. The Cladoceran as live feed in fish culture: *Uma breve revisão. RJAVFS* vol. 4(3): 1-7.

Janakiraman A. & K. Altaff 2014. Criação de larvas de carpa koi (*Cyprinus carpio*) com diferentes alimentos vivos de zooplâncton para avaliar a sua adequação e desempenho de crescimento, 4(4):181-185.

Luis E., C. Conceição, M. Yuera, P. Makridis, S. Morais & T.M. Dinis 2010. Alimentos vivos para as fases iniciais da criação de peixes. *Aquacult. Res.* 41: 613-640.

Mayer C.M. & Wahl D.H. 1997. A relação entre a seletividade das presas e o crescimento e sobrevivência das larvas de peixe.

Mehrajudinwar & K. Altaff. 2010. Cultura de zooplâncton para criação de larvas de peixe. *Pollution Research.* 29(2) (2010): 255-257.

Santamaria V.Y. & C.W Santamaria 2011. Exigências nutricionais de peixes ornamentais de água doce: uma revisão. *Rev MVZ Córdoba,* 16(2) 2458-2469.

Sumithra V., A. Janakiraman & K. Altaff 2014. Influência de diferentes tipos de alimentos no desempenho de crescimento em Black Molly, *Poecilia sphenops.* IJFAS 1(6): 24-26.

Watanabe T. & Kiron V. 1994. Prospeção em dietética de larvas de peixes. *Aquaculture,* 124, 235-251.

Capítulo 4

DIVERSIDADE DE CLEPTOPARASITAS NA ARANHA ERESÍDEA *STEGODYPHUS SARASINORUM*

Drisya Mohan O.M.* e Sudhikumar A.V.

Centro de Taxonomia e Ecologia Animal, Departamento de Zoologia, Christ College, Irinjalakuda, Kerala-680125 **drisyamohan2@gmail.com*

RESUMO

O cleptoparasitismo é a forma de alimentação em que um animal rouba o alimento ou a presa capturada por outro animal. Entre as aranhas, as aranhas construtoras de teias são o alvo mais frequente dos cleptoparasitas. As aranhas sociais podem construir teias de grandes dimensões e ninhos de forma cooperativa. A teia e o ninho das aranhas sociais abrigam muitas espécies de aranhas como cleptoparasitas. Assim, observámos a diversidade de cleptoparasitas na aranha social *Stegodyphus sarasinorum* Karsch 1891, no campus do Christ College em Irinjalakuda, Kerala. As observações foram efectuadas durante o período de julho de 2016 a março de 2017. Recolhemos quatro espécies de aranhas e duas espécies de formigas da teia e do ninho de *S. sarasinorum.* Machos e fêmeas de *Argyrodes kumadai* Chida e Tanikawa 1999 foram recolhidos das teias de *S. sarasinorum.* Geralmente consomem as pequenas presas enredadas nas teias de *S. sarasinorum.* As aranhas *Hyllus semicupreus, Oxyopes javanus, Phintella vittata* e as formigas *Oecophylla smaragdina* e *Monomorium pharaonis* foram frequentemente encontradas no interior do ninho de *S. sarasinorum.* São provavelmente atraídas pela presença de pequenas presas do hospedeiro e de restos de presas encontrados no interior do ninho.

Palavras-chave: Diversidade, cleptoparasitas, aranha social, *Stegodyphus sarasinorum*

INTRODUÇÃO

O cleptoparasitismo é uma forma de roubo, podendo ser definido como toda a interação recíproca em que um organismo tira partido dos investimentos de forrageamento de outro (Brockmann & Barnard 1979; Morand-Ferron et al. 2007; Iyengar 2008). Este comportamento é registado em vários taxa, incluindo cnidários, anelídeos, artrópodes, moluscos, equinodermes, peixes, répteis, aves e mamíferos (Iyengar 2008). Entre os artrópodes, as aranhas construtoras de teias são alvos frequentes de cleptoparasitas porque são facilmente atraídas pelas presas capturadas por um forrageador (Vollrath 1987). As aranhas sociais podem construir teias de captura de grandes dimensões (Shear 1970) e cooperam na procura de alimento e na alimentação. A vulnerabilidade ao cleptoparasitismo é afetada por várias caraterísticas dos comportamentos de forrageamento e de manipulação dos alimentos do organismo (Brockmann & Barnard 1979; Giraldeau & Caraco 2000). Os cleptoparasitas são principalmente atraídos por alimentos de alta qualidade e/ou que requerem uma manipulação difícil ou demorada (Giraldeau & Caraco 2000). *Stegodyphus sarasinorum* Karsch 1891 é uma aranha social cooperativa indiana que se encontra principalmente nas zonas áridas. Atualmente, esta aranha está também amplamente distribuída em Kerala. Encontram-se em zonas rochosas e em campos abertos, onde os insectos voadores são mais abundantes (Bradoo 1972). Todas estas caraterísticas desta aranha foram consideradas interessantes, pelo que os cleptoparasitas podem facilmente invadir esta aranha social. Os primeiros estudos (Bradoo 1967; Bradoo & Joseph 1970; Bradoo 1971) referem que os restos das presas e as exúvias de *S. sarasinorum* podem servir de alimento a outras espécies como as larvas de

Embioptera e Microlepidopteran. Bradoo (1971) também relatou que algumas aranhas do género Uloboridae ocuparam as áreas danificadas na teia de *S. sarasinorum*. Assim, o objetivo do presente estudo foi registar os diversos cleptoparasitas da aranha social, *S. sarasinorum*, no campus do Christ College, Irinjalakuda, Kerala.

MATERIAIS E MÉTODOS

Organismo e local de estudo

Stegodyphus sarasinorum Karsch, 1891 (Eresidae), é uma das três aranhas permanentemente sociais do género *Stegodyphus*. *S. sarasinorum* foi encontrada na Índia, Sri Lanka, Nepal e Afeganistão (Kraus & Kraus 1988). Bradoo (1972) referiu que *S. sarasinorum* fazia grandes ninhos de seda complexos de tamanho variável nos arbustos e ramos de diferentes tipos de plantas espinhosas (Mimosoideae, Ramnaceae, Rutaceae e Tiliaceae). Tikader (1966) também relatou os ninhos desta espécie encontrados nos ramos de *Acacia* sp. e *Zizyphus* sp. O ninho é feito incorporando a cerca, folhas, ramos, os restos das suas presas e também as suas próprias exúvias.

O local identificado para o estudo foi o campus do Christ College (N 10° 21' E 76° 12'). As colónias de *S. sarasinorum* estão largamente distribuídas no campus e encontram-se nos ramos de plantas como *Eugenia uniflora, Acasia disparrima, Acasia sp., Tamarindus indica, Artocarpus heterophyllus* e erva da Nigéria (*Pennisetum pedicellatum*).

Método

O ninho de aranha foi examinado no seu campo, ocupado em diferentes locais do campus do Christ College, Irinjalakkuda. O estudo abrangeu as estações do inverno e do verão. *S. sarasinorum* ocupa os arbustos e os ramos inferiores de plantas altas. O ninho da aranha foi observado para descobrir os cleptoparasitas nele presentes.

Foram utilizados métodos de colheita manual e de procura visual para a recolha dos parasitas. Os espécimes foram recolhidos conduzindo-os para tubos contendo álcool com a ajuda de um pincel mergulhado em álcool. As aranhas e os cleptoparasitas não aranha recolhidos foram conservados em álcool a 70%. Os espécimes foram conservados em frascos separados com etiquetas contendo informações relativas à recolha, como a localidade e a data. Os espécimes conservados foram examinados ao microscópio estéreo Magnus MSZ TR para identificação taxonómica. Os cleptoparasitas de aranhas foram identificados com a ajuda da literatura disponível (Sebastian & Peter, 2009) e as formigas cleptoparasitas foram identificadas usando a base de dados online AntWeb (http://www.antweb.org).

RESULTADOS

A teia e o ninho de aranhas sociais podem invadir muitas espécies de aranhas. Recolhemos quatro tipos diferentes de espécies de aranhas e também dois tipos de formigas da teia e do ninho de *S. sarasinorum*. *Argyrodes kumadai* Chida e Tanikawa, 1999 (macho e fêmea) foi recolhido da teia de *S. sarasinorum*. Não constroem teias para se alimentarem. São normalmente atraídos por pequenas presas enredadas nas teias de *S. sarasinorum*. Ocupam cerca de 25±5 cm de distância do ninho de *S. sarasinorum* e também põem 4 ou 5 ovos na teia. Outras aranhas incluem *Hyllus semicupreus* Simon 1885, *Oxyopes javanus* Thorell 1887, *Phintella vittata* Koch1846. Estas aranhas foram encontradas dentro e fora do ninho. As formigas cleptoparasitas são *Oecophylla smaragdina* Fabricius 1775 e *Monomorium pharaonis* Linnaeus 1758. Elas vasculharam o interior do ninho desta aranha social e recolheram os restos das presas. Foram atraídos principalmente pelos restos das presas.

Tabela 1. Lista de cleptoparasitas recolhidos da teia e do ninho de *S. sarasinorum*

Spider kleptoparasites	**Family**	**Abundance**
Argyrodes kumadai Chida and Tanikawa 1999	Theridiidae	8
Hyllus semicupreus Simon 1885	Salticidae	5
Oxyopes javanus Thorell 1887	Oxyopidae	4
Phintella vittata Koch 1846	Salticidae	2
Non-spider kleptoparasites	**Family**	**Abundance**
Oecophylla smaragdina Fabricius 1775	Formicidae	18
Monomorium pharaonis Linnaeus 1758	Formicidae	11

DISCUSSÃO

A presente investigação mostrou a presença de diferentes cleptoparasitas e também explicou o efeito de um cleptoparasita mais comum, a formiga, no comportamento de construção de teias e no comportamento de captura de presas de uma aranha social *S. sarasinorum*. Brockmann & Barnard (1979), numa revisão do cleptoparasitismo nas aves, explicaram algumas condições que favorecem o cleptoparasitismo. Estas condições são também favoráveis para que esta aranha social se torne mais suscetível à invasão cleptoparasitária. As condições incluem um grande número de hospedeiros, grande quantidade de alimento disponível, qualidade do alimento, hábitos do hospedeiro, longo tempo de manuseamento da presa e menor possibilidade de fuga do hospedeiro. As colónias de *S. sarasinorum* foram encontradas em áreas abertas onde a disponibilidade de alimentos era muito elevada.

Estudos de Exline & Levi 1962; Gertsch 1979 explicaram que as aranhas do género *Argyrodes* realizam quase todas as suas actividades nas teias de outras aranhas, em vez de construírem as suas próprias teias. *A. kumadai* é um cleptoparasita especializado na teia de uma aranha social S. *sarasinorum*. Bosenberg & Strand (1906) registaram *A. fissifrons* Pickard-Cambridge, 1869 como cleptoparasita do Japão. Chida & Tanikawa (1999) descreveram esta aranha como uma nova espécie com o nome de *A. kumadai*. O nosso estudo é considerado o primeiro relato da espécie de cleptoparasita Theridiid *A. kumadai* de Kerala. Os machos e as fêmeas desta aranha aparecem na teia de *S. sarasinorum* e enredam o pequeno inseto que se encontra preso na teia. Atacou a presa o mais rapidamente possível, antes que o hospedeiro desse por ela. Trail (1980) afirma que *os Argyrodes* cleptoparasitas são geralmente mais pequenos do que os seus hospedeiros, mas sabe-se que atacam outras aranhas que são do mesmo tamanho ou maiores do que os seus hospedeiros. Mas no nosso estudo não observámos isso. Outras aranhas, como *Hyllus semicupreus, Oxyopes javanus* e *Phintella vittata,* não são completamente cleptoparasitas. São visitantes frequentes do ninho de *S. sarasinorum* e são principalmente atraídas pelos restos de presas e também por pequenas presas. As formigas são também cleptoparasitas efectivos desta aranha social. *O. smaragdina* rouba os restos de presas e as presas do ninho da aranha. Leborgne et al. (2011) também relataram que formigas roubaram as presas da aranha sub social *S. lineatus*. Os ataques de formigas são mais comuns nos ninhos descartados.

RECONHECIMENTO

Os autores agradecem ao Diretor do Christ College, Irinjalakuda, pela disponibilização das instalações. Os autores agradecem também a Sumesh N.V., Sudhin

P.P. e Nafin K.S. pelas suas valiosas sugestões e apoio. Este estudo foi financiado pelo E - grantz Scheme, Governo de Kerala.

REFERÊNCIAS

AntWeb. Disponível em http://www.antweb.org. Acedido em 16 de novembro de 2017.

Bosenberg W. & Strand E. 1906. Japanische spinnen. Abh. Senckenb. *Naturf.* Ges30: 93-422 pls.3-16.

Bradoo B.L. & Joseph K.J. 1970. Life history and habits of *Oligotoma greeniana* Enderlein (Oligotomidae: Embioptera) commensal in the nest of *Stegodyphus sarasinorum* Karsch. *Indian J. Enl.* 31 (1): 16-21.

Bradoo B.L. 1971. Outros registos de Embiopteran e Microlepidopteran commensals of *Stegodyphus sarasinorum* Karsch. *Indian J. En'.* 33 (1):90.

Bradoo B.L.1972. Algumas observações sobre a ecologia da aranha social *Stegodyphus sarasinorum* Karsch (Araneae: Eresidae) da Índia. *Orient Insects* 6:193-204.

Brockmann H.J. & Barnard C.J. 1979. Kleptoparasitismo em aves. *Anim. Behav.* 27:487-514.

Chida T. & Tanikawa A. 1999. Uma nova espécie do género *Argyrodes* (Araneae; Theridiidae) do Japão, anteriormente mal identificada com *A.fissifrons. Ata Arachnol* 48 (1):301-303

Exline H. & Levi H.W. 1962. Aranhas americanas do género Argyrodes (Araneae, Theridiidae). *Boletim do Museu de Zoologia Comparada* 2: 75-202.

Gertsch W. 1979. American Spiders. New York: Van Nostrand Reinhold.

Giraldeau L.A. & Caraco T. 2000. Social Foraging theory. Princeton University Press, Princeton, NJ.

Kraus O. & Kraus M. 1988. O género Stegodyphus (Arachnida: Araneae). Espécies irmãs, grupos de espécies e origem paralela da vida social. *Verh. Naturwiss.* Ver. Hamburgo, 30: 1.

Leborgne R., Lubin Y. & Pasquet A. 2011. Os cleptoparasitas influenciam o comportamento de forrageamento da aranha *Stegodyphus lineatus* (Araneae, Eresidae). *Insect.* Soc. 58: 255-261.

Morand-Ferron J., Sol D. & Lefebvre L. 2007. Roubo de comida nas aves: cérebro ou músculos? *Anim Behav* 74 (6): 1725-1734.

Sebastião P. A. & Peter KV. 2009. Spiders of India. Orient Blackswan, Hyderabad. 614 pp.

Shear W.A. 1970. The evolution of social phenomena in spiders. *Bull Br Arachnol Soc* 1:65-77

Tikader B.K. 1966. Estudos sobre a biologia de algumas aranhas indianas. *J. Bom. Nat. His. Soc.* 35 (1): 6-11.

Trial D.S. 1980. Predação por *Argyrodes* (Theridiidae) em aranhas solitárias e comunitárias. *Psyche* 87:349-355.

Vollrath E.1987. Kleptobiosis in spiders, em Ecophysiology of Spiders. *W.Nentwig,ed..Springer-Verlag, Berlim, Heidelberg,* Nova Iorque, Tóquio, 274-286.

Capítulo 5

DIVERSIDADE DO ZOOPLÂNCTON NO ECOSSISTEMA DE ÁGUA DOCE DA ÍNDIA

Fathibi K.[*1,2] **., Embalil Mathachan Aneesh**[2] **e Ambalaparambil Vasu Sudhikumar**[1]

[1,2]Departamento de Zoologia, Christ College, Irinjalakuda, Kerala
[1,2]Departamento de Zoologia, Universidade de Calicut
[2]Communicable Disease Research Laboratory,
Department of Zoology, St. Joseph's College, Irinjalakuda, Kerala
*fathibifabi@gmaiLcom

RESUMO

A qualidade da água doce é essencial para a higiene e uma vida saudável, uma vez que a água desempenha um papel importante nas actividades metabólicas. Os organismos vivos (unicelulares e multicelulares) dependem da água para as suas várias actividades fisiológicas e para a sua sobrevivência. As comunidades zooplanctónicas são tipicamente diversas e ocorrem em quase todos os lagos e lagoas. As comunidades zooplanctónicas são muito sensíveis às variações ambientais. Consequentemente, as alterações na sua abundância, diversidade de espécies ou composição da comunidade podem fornecer indicações importantes de alterações ou perturbações ambientais. Embora sejam minúsculos, a abundância relativa e a diversidade destes organismos influenciam dramaticamente o fluxo de energia, o ciclo de nutrientes e a dinâmica da comunidade nos ecossistemas aquáticos. A identificação do zooplâncton fornece a informação necessária para tomar decisões informadas sobre a gestão e a recuperação dos ecossistemas aquáticos. Existem numerosos estudos e investigações sobre a resposta geral do zooplâncton a várias fontes de stress e, subsequentemente, sobre a sua utilização como indicadores biológicos. Muitos investigadores e cientistas efectuaram estudos sobre a diversidade do zooplâncton de água doce de diferentes partes do país. Com base em 110 registos, foram enumeradas 233 espécies de Rotifera, 87 espécies de Copepoda, 131 espécies de Cladocera e 44 espécies de Ostracoda da Índia. *Brachionus ungularis, Brachionus calyciflorus, Brachionus caudatus, Brachionus falcatus, Keratella tropica* pertencem a Rotifera, *Mesocycops* sp., *Cyclops* sp. pertencem a Copepoda e *Moina micrura, Moina brachiata, Ceriodaphnia cornuta* pertencem a Cladocera e foram registadas como espécies comuns observadas em quase todos os ecossistemas de água doce.

Palavras-chave: Zooplâncton de água doce, indicador biológico, copépode, cladocera, rotífero, ostracoda

INTRODUÇÃO

A taxa de crescimento da população humana global aumentou rapidamente após a Segunda Guerra Mundial e, nos últimos dois séculos, a taxa de crescimento aumentou duas vezes, com os países em desenvolvimento a enfrentarem um crescimento populacional superior ao dos países desenvolvidos (Postel, 1995). A taxa de crescimento da população humana tem um impacto significativo no estilo de vida humano e no ambiente, conduzindo a um aumento da procura de alimentos, o que, por sua vez, exerce pressão sobre os recursos hídricos naturais que se encontram sob pressão. A água, base da vida na Terra, é o mais precioso de todos os recursos naturais e cobre cerca de três quartos da superfície do nosso planeta. Os ecossistemas de água doce fornecem recursos vitais para os seres humanos e são o único habitat de uma biota extraordinariamente rica, endémica e sensível, que constitui a maior parte da nossa biosfera (Palmeri et al 2013). Devido ao aumento da população e das actividades humanas, como a utilização de fertilizantes na agricultura, está altamente poluído com diferentes contaminantes nocivos. Por isso, o controlo regular da qualidade da água potável é essencial para uma população saudável. O zooplâncton é o melhor indicador da qualidade da água no ecossistema aquático (Lichman et al 2013), podendo reagir a alterações da qualidade da água através de alterações na composição das espécies, abundância e anomalias morfológicas (Telesh 2004).

Os zooplânctons são organismos aquáticos minúsculos com tamanhos que variam de alguns microns a um milímetro ou mais. Incluem representantes de quase todos os táxones do reino animal (Goswami 2004) que vivem a totalidade (holoplâncton) ou parte (meroplâncton) da sua vida como plâncton (Lindeque et al 2013) e desempenham um papel importante no ecossistema aquático. São nadadores não móveis ou muito fracos que andam à deriva nos oceanos, mares e massas de água doce e estão muito associados a alterações na comunidade fitoplanctónica (Perbiche-Neves et al 2016), o aumento da população de fitoplâncton é mais favorável ao crescimento da população de zooplâncton (Kumar et al 2011). Alimentam-se de fitoplâncton ou de outros membros do zooplâncton, pelo que desempenham um papel importante na teia alimentar (Ward et al 2012), actuando como principal modo de transferência de energia entre o fitoplâncton e os peixes (Duxbury et al. 2002; Telesh 2004). Ou seja, os zooplânctons são um dos principais consumidores primários na maioria dos ecossistemas aquáticos. A componente biótica do ecossistema aquático está fortemente relacionada com a diversidade, abundância e sazonalidade do zooplâncton (Jose et al 2012), combinações de baixa qualidade alimentar e elevada predação por peixes causam a eliminação do zooplâncton (Danielsdottir et al 2007). Não só os factores bióticos, mas também os parâmetros físico-químicos como a temperatura, o pH, a turvação, o BoD, o CoD, etc., podem afetar a distribuição do zooplâncton (Raut et al 2015) e a variação sazonal também altera a abundância do zooplâncton (Goswami et al 2012; Jomet et al 2014; Reddy et al 2016; Das et al 2016; Kumar et al 2011; Dede et al 2015). Os factores ambientais locais e os processos regionais, como a dispersão, podem regular a distribuição do zooplâncton. A dispersão é promovida de diferentes formas. O transporte através do vento e da atmosfera é o modo mais frequente de dispersão. O fluxo de água, as actividades dos animais e, sobretudo, dos seres humanos (pela introdução de espécies aquáticas e pela navegação de recreio) (Havel et al 2004). Certos membros do zooplâncton mostram uma associação significativa com o vibrio cholerae (de Magny et al 2011).

Os zooplânctons respondem rapidamente às mudanças ambientais, como a alteração dos parâmetros de qualidade da água (Jha et al 2003; Holz et al 1996). Por isso, actuam como o melhor indicador da qualidade da água. O impacto da poluição pode refletir a diversidade e a abundância do zooplâncton (Gannon et al 1978). Estes indicadores servem de sistema de alerta precoce e de controlo pouco dispendioso e eficaz. Normalmente, a área poluída é indicada por uma contagem muito baixa de zooplâncton, mas certos grupos de zooplâncton mostram dominância na água poluída (Mishra et al 1998; Kankal et al 2012). O zooplâncton de água doce é constituído por Rotifera, Cladocera, Copépodes e Ostracodes. A ecologia do zooplâncton centrou-se principalmente nos crustáceos zooplanctónicos cladocera e copépode (Sommer et al 2006). É possível avaliar rapidamente informações mais definitivas sobre a diversidade, a evolução, a ecologia, etc. dos organismos através de métodos fáceis, fiáveis e pouco dispendiosos baseados no ADN (Yan et al 2007). A sequenciação de nova geração pode ser utilizada para estimar a diversidade oculta do conjunto de zooplâncton (Lindeque et al 2013).

Rotíferos

Os rotíferos são animais aquáticos microscópicos que ocorrem em quase todos os tipos de habitats de água doce (Segers 2008) e têm um papel importante em muitos ecossistemas de água doce, considerados como indicadores da qualidade da água (Gannon et al 1978; Sladecek 1983; Shayestehfar et al 2008) e purificadores de água da natureza. Várias espécies de rotíferos pertencentes à família Brachionidae indicam eutrofização (Pal et al 2015), a abundância de *Brachionus calyciflorus* (grupo de zooplâncton: Rotifera, Família: Brachionidae) indica poluição orgânica (Pandey et al 2013) e eutrofização. A abundância aumenta rapidamente em condições ambientais favoráveis porque têm um ciclo de vida muito curto (Dhanapathi 2000) e alimentam-se de algas e bactérias (Berks et al 2005). Os rotíferos são o principal alimento de espécies jovens de crustáceos e peixes comercialmente importantes (Telesh 2004), pelo que muitos aquacultores os exploram. Devido à sua alimentação menos especializada e à sua elevada fecundidade, são um grupo proeminente do zooplâncton. Os rotíferos são menos susceptíveis à aplicação de produtos químicos do que os cladóceros (Chang et al. 2005).

As mais diversas assembleias de rotíferos podem ser encontradas em águas macias, ligeiramente ácidas, oligo- a mesotróficas (Segers 2008). Os rotíferos são menos susceptíveis à aplicação de produtos químicos do que os cladóceros. Classicamente, são reconhecidos três grupos dentro do filo rotifera. Classe Monogononta, Bdelloidea e Seasonoidea. Estudos moleculares indicam que um grupo endoparasitário obrigatório, Acanthocephala, pertence aos rotíferos, para além de Monogononta, Bdelloidea e Seasonoidea (Markwelch 2000).

Copepoda

Os copépodes são um grupo de pequenos crustáceos que se encontram tanto em habitats marinhos como de água doce. São geralmente os membros dominantes do zooplâncton e são abundantes em água doce nas formas planctónica, bentónica e subterrânea (Boxshall et al 2008, Reid et al 2010). Os copépodes são o principal organismo alimentar de pequenos peixes e outros crustáceos, como o krill. Alimentam-se de protozoários e metazoários autotrópicos e heterotrópicos (Turner 2004). As caraterísticas da história de vida dos copépodes são grandemente influenciadas pela temperatura, disponibilidade de alimentos e predação (Reid et al 2010). Há provas da presença de Vibriocholerae na superfície de copépodes planctónicos vivos (Huq et al 1983; Rawlings et al 2007). Os copépodes de água doce pertencem a cinco ordens: Calanoida, Harpacticoida, Cyclopoida, Gelyelloida e Siphonostomatoida (Boxshall et al 2008).

Cladocera

Os Cladocera, vulgarmente designados por pulgas de água, são uma ordem de pequenos crustáceos que se encontram na maioria dos habitats de água doce, habitando zonas pelágicas, litorais e bentónicas e são raros no oceano. Muitas espécies encontram-se em águas abertas de lagos como plâncton, algumas outras espécies vivem perto do fundo ou na vegetação aquática (Leveque et al 2005). Os cladóceros são considerados os herbívoros mais importantes do plâncton lacustre (Sommer et al 2006). São reconhecidas quatro ordens de cladóceros (Fryer, 1987) Anomopoda, Ctenopoda, Onychopoda e o monotípico Haplopoda. Os factores ambientais, como os factores bióticos (Gilloy et al 2000) e abióticos, alteram os atributos das comunidades de cladóceros. Os cladóceros pelágicos e herbívoros são mais estudados do que as espécies litorais. A maior parte das espécies de cladóceros são filtradoras e desempenham um papel importante na teia alimentar das águas estagnadas. As populações de cladóceros são dominadas principalmente por fêmeas e reproduzem-se por partenogénese, sendo os ovos resistentes a condições desfavoráveis como a dessecação. Devido à facilidade de cultura, ao curto tempo de geração e à reprodução clonal, os cladóceros (especialmente as dáfnias) são organismos-modelo importantes em estudos ecológicos e evolutivos (Forro et al 2008).

Ostracoda

Os Ostracoda são um dos mais diversos grupos de crustáceos que vivem em todos os ecossistemas aquáticos: marinhos, salobros e de água doce (incluindo ecossistemas subterrâneos), sendo utilizados como grupo modelo para vários estudos ecológicos e evolutivos (Martens et al 2007; Perez et al 2010). A sua distribuição é cosmopolita e desempenham um papel vital na cadeia alimentar e no fluxo de energia no ecossistema aquático. Os ostracodes possuem carapaça calcificada, têm uma elevada capacidade de preservação, reflectem a variação dos parâmetros físico-químicos da água, como a salinidade, a profundidade da água, a temperatura ou o pH (Ruiz et al 2013) e apresentam diferentes tolerâncias a diferentes variáveis físico-químicas da água (Perez et al 2010). Ostracoda é considerado como uma classe separada sob Crustacea e foi dividido nas subclasses Myodocopa (apenas representantes marinhos) e Podocopa (Martin et al 2001).

RESULTADOS E DISCUSSÃO

Com base em 110 registos, foram listadas 233 espécies de Rotifera, 87 espécies de Copepoda, 131 espécies de Cladocera e 44 espécies de Ostracoda da Índia. Vanjare et al 2013 registaram o maior número de rotíferos. Acharya 2016 e Sehgal et al 2013 registaram o menor número de espécies de rotíferos, apenas uma espécie. 28 espécies de cladocera é o registo mais elevado, observado em massas de água doce do vale de Katmandu por Vaidya et al 2008. Sehgal et al 2013, Ghosh et al 2015 e Acharya 2016 registaram apenas uma espécie de cladocera. O registo mais elevado de copépodes é de 16 espécies registadas por Amalesh et al 2014 e o mais baixo por Soni et al 2013 e Negi et al 2013. 8 espécies de Ostracoda de reservatório perene em Thoppaiyar, distrito de Dharmapuri, sul da Índia, registadas por Manickam et al 2014, é o registo mais elevado da Índia. *Brachionus ungularis, Brachionus calyciflorus, Brachionus caudatus, Brachionus falcatus, Keratella tropica* pertencem a Rotifera, *Mesocycops* sp., *Cyclops* sp. pertencem a Copepoda e *Moina micrura, Moina brachiata, Ceriodaphnia cornuta* pertencem a Cladocera foram registadas como espécies comuns observadas em quase todos os ecossistemas de água doce.

CONCLUSÃO

O zooplâncton é um dos principais consumidores primários na maior parte dos ecossistemas aquáticos e é o melhor indicador da qualidade da água. Qualquer alteração indesejável das propriedades físicas, químicas e biológicas da água conduz a mudanças na diversidade e abundância do zooplâncton. Assim, a monitorização regular do zooplâncton fornece informações sobre a gestão adequada do ecossistema aquático. Normalmente, a água poluída contém uma contagem muito baixa de zooplâncton, mas algumas espécies de zooplâncton, especialmente espécies de rotíferos (por exemplo: *Brachionus calyciflorus*), mostram dominância na água poluída.

RECONHECIMENTO

Agradecemos ao Diretor do St. Joseph's College, Irinjalakuda, pelas instalações disponibilizadas. Os autores agradecem à Comissão de Bolsas Universitárias por fornecer assistência financeira.

REFERÊNCIAS

Acharya C.A. 2016. Diversidade do zooplâncton em massas de água doce de Junaghadh, Gujarat, Índia. *Int. J. Engineering Science and Computing* 6(8):2474-2476.

Amalesh B., Dutta T.K., Patra B.C. & Sar U.K. 2014. Um estudo sobre a biodiversidade do zooplâncton do reservatório de Kangsabati. Índia. *Int. J. Devel. Res.* 4(11):2431-2436.

Berks K.A., Wallace R.L. & Segers H.H. 2005. Rotifers and Hubbell's unified neutral theory of biodiversity and biogeography (Rotíferos e a teoria neutra unificada da biodiversidade e biogeografia de Hubbell). *Natural Resource Modeling* 18 (3):363- 376.

Cottingham K.L. & Butzler J.M. 2006. The community ecology of Vibrio cholerae. Em S.K Collinge e C Ray, eds. Disease Ecology: Community Structure and Pathogen Dynamics. Oxford Press, Oxford.

Das B.K. & Kar D. 2016. Diversidade do Zooplâncton no rio Siang de Arunachal Pradesh, Índia. *Pesca e Oceanografia.* 1(2):1-5.

de Magny GC, Mozumder P.K., Grim C.J., Hasan N.A., Naser M.N., Alam M., Sack R.B., Huq A. & Colwell R.R. 2011. Role of zooplankton diversity in Vibrio cholera population dynamics and in the incidence of cholera in the Bangladesh Sundarbans. *Applied and Environmental Microbiology* 77(17):6125-6132.

Ghosh D. & Biswas J.K. 2015. Índices de Diversidade do Zooplâncton: Avaliação de um ecossistema de lago Ox-Bow para gestão sustentável em Bengala Ocidental. Int. J. Adv. Biotech. and Res. (1):37-43.

Gillooly J.F. & Dodson S.I. 2000. Latitudinal patterns in the size distribution and seasonal dynamics of new world, freshwater cladocerans. *Limnology and Oceanography* 45:22-30.

Goswami S.C. 2004. Zooplankton Methodology, collection and Identification- a field manual. Instituto Nacional de Oceanografia 16pp.

Huq A., Small E.B., West P.A., Huq M.I., Rahman R. & Colwell R.R. 1983. Ecological relationship between vibrio cholerae and planktonic crustacean copepods. *Applied and Environmental Microbiology.* 45: 275-283.

Jomet S.K. & Yamakanamardi S.M. 2014. Variações sazonais na abundância de grupos de zooplâncton em relação aos parâmetros físico-químicos em três ecossistemas lóticos de Mysore. *Ata Biologica Indica* 3(1):499-509.

Jose R. & Sanalkumar M.G. 2012. Variação sazonal na diversidade do zooplâncton do rio achencovil. *Jornal de Publicações Científicas e de Investigação* 2(11):1-5.

Kumar P., Wanganeo R. & Fozia S. 2011. Variações sazonais na diversidade do zooplâncton da lagoa ferroviária, Sasaram, Bihar. *Int. J. Environ. Sci. 2:107-117.*

Leveque C., Balian E.V. & Martens K. 2005. Uma avaliação da diversidade de espécies animais em sistemas hídricos continentais. *Hydrobiologia* 542:39-67.

Manickam N., Saravana B.P., Santhanam P., Muralisankar T. & Srinivasan V. 2014. Variações sazonais da diversidade do zooplâncton em um reservatório perene em Thoppaiyar, distrito de Dharmapuri, sul da Índia. *Austin J Aquac Mar Biol* 1(1):1-7.

Negi R.K. & Mamgain S. 2013. Diversidade de zooplâncton do rio toneladas do estado de Utarakhand, Índia. *Revista Internacional de Zoologia e Investigação* 3:1-8.

Pal S., Patra A.K. & Chakraborty K. 2015. Prospeção de *Brachionus calyciflorus*, um Holoplâncton, por sua Potencial Propriedade Bio-Indicadora: A Review. *Revista Internacional de Investigação Científica Recente* 6(11):7603-7608.

Palmeri L., Barausse A. & Jorgensen S.E. 2014. Ecological processes hand book, CRC Press, Boca Raton.

Perez L., Lorenschat J., Brenner M., Scharf B. & Schwalb A. 2010. Ostracodes de água doce existentes (Crustacea: Ostracoda) do Lago Pete'n Itza', Guatemala. *Rev Biol Trop* 58:871-895.

Ruiz F., Abad M., Bodergat A.M., Carbonel P., Rodriguez-Lazaro J., Gonzalez-Regalado M.L., Toscano A., Garcia E.X. & Prenda J. 2013. Os ostracodes de água doce como traçadores ambientais. *Int. J. Environ. Sci. Technol* 1-14.

Sehgal K., Phadke G., Chakraborty S.K. & Reddy S.V.K. 2013. Estudos sobre a diversidade do zooplâncton no reservatório de Dimbhe, Maharashtra, Índia. *Pelagia Research Library Advances in Applied Science Research* 4(1):417-420.

Sommer U. & Sommer F. 2006. Cladocerans versus copepods: the cause of contrasting top-down controls on freshwater and marine phytoplankton. *Oecologia* 147: 183-194.

Soni H.B. & Thomas S. 2013. Ocorrência de Zooplânctons no Habitat Palustre Sagrado, Gujarat Central, Índia, com estratégias de conservação e gestão. *Revista Internacional de Meio Ambiente* 3(1):111-121.

Ward B.A., Dutkiewicz S.A., Jahn O. & Follows M.J. 2012. Um modelo de teia alimentar estruturado por tamanho do oceano global. *Limnol Oceanogr* 57: 1877-1891.

Watkar A.M. & Barbate M.P. 2013. Estudos sobre a Diversidade do Zooplâncton do Rio Kolar, Saoner, Dist. Nagpur, Maharashtra. *Jornal de Ciências e Tecnologias da Vida* 1(1):26-28.

Capítulo 6

UM ESTUDO SOBRE A AVIFAUNA DA ZONA HÚMIDA DE ADAT KOLE, THRISSUR, KERALA

Greeshma C.* e Kezia Kuruvilla

Departamento de Zoologia, Vimala College, Thrissur - 680009
*shipru.pradhi 153@gmail. com

RESUMO

As zonas húmidas de kole de Thrissur, uma parte de Vembanad kole, constituem uma das maiores e altamente ameaçadas zonas húmidas declaradas como sítio Ramsar em 2002. O estudo avifaunístico foi realizado entre setembro de 2016 e maio de 2017 na área de Adat kole de Thrissur kole através de métodos de transecto linear, contagem direta e contagem em bloco. Durante o estudo, foram registadas 87 espécies de aves de 16 ordens e 38 famílias. 47 % das aves registadas dependiam da água para as suas actividades de alimentação. 62% das aves registadas eram residentes na zona, 23% eram migrantes locais e 15% eram migrantes. A guilda alimentar das aves revelou que 36,78% eram carnívoros aquáticos. Os herbívoros aquáticos estavam pouco representados na região de Adat. O maior número de aves (6345) foi registado no mês de outubro de 2016. A riqueza de espécies foi mais elevada nos meses de setembro de 2016 e março e abril de 2017. Os Passeriformes foram a ordem mais representada com 27 espécies. *Ciconia episcopus*, uma espécie vulnerável, e três espécies quase ameaçadas, *Anhinga melanogaster, Threskiornis melanocephalus* e *Sterna aurantia*, foram registadas em Adat kole. O kole de Thrissur, situado na "rota migratória da Ásia Central", constitui um refúgio para as aves residentes e migratórias, oferecendo uma paragem bem-vinda.

Palavras chave: Avifauna, diversidade, zona húmida, terra kole, Adat

INTRODUÇÃO

As zonas húmidas são ecossistemas únicos altamente produtivos, que proporcionam habitat para uma grande variedade de aves, répteis, anfíbios, peixes, mamíferos e invertebrados. São zonas vitais de transição entre habitats terrestres e aquáticos. As zonas húmidas são o paraíso das aves devido à sua elevada produtividade e à diversidade de micro-habitats. Os estudos realizados sobre a avifauna das zonas húmidas centram-se nos seus hábitos alimentares e de alimentação, na biologia da reprodução e também na dinâmica das suas populações (Kushlan 1979; Mock & Mock 1980). O delta de Camargue do Ródano, no sul de França, a reserva de aves de Minsmere, em Inglaterra, e vários outros habitats de pântanos nos países ocidentais suscitaram interesse desde a Convenção de Ramsar. Fasola *et al.* (2010) observaram a dinâmica populacional a longo prazo de garças e garças induzida por alterações climáticas e interferências humanas. A hidrobiologia da avifauna do Parque Nacional de Keoladeo, Bharatpur, foi estudada por Ali & Vijayan (1986). A partir dos estudos pioneiros de Ali (1953), muitos trabalhadores apresentaram relatórios sobre as aves das zonas húmidas de Kerala. Narayanan *et al.* (2005) estudaram a avifauna das zonas húmidas de Kuttanad. Sivaperuman & Jayson (2000) apresentaram um relatório sobre a comunidade de aves da zona húmida de Thrissur kole. Kezia Kuruvilla & Ann Maria (2016) apresentaram dados sobre as aves da zona húmida de Palakkal kole, Thrissur.

Este estudo incide sobre a diversidade aviária e a riqueza de espécies de Adat kole, a sua relação com o habitat e os seus hábitos alimentares.

METODOLOGIA

O estudo foi realizado em Adat kole situado a 9 km de Thrissur a 10^32'5"N e 76^08'3"E de setembro de 2016 a maio de 2017 por método de observação direta (Altman 1974), método de transecto de linha (Sale & Berkmuller 1988) e método de contagem total (Hoves & Bakewell 1989). O horário de observação foi das 06:30 hrs às 09:30 hrs. As aves foram identificadas e classificadas de acordo com os manuais e a lista de controlo de Ali (2012). A taxonomia está de acordo com Inskipp *et al.* (1996). As aves foram categorizadas de acordo com o seu estatuto IUCN e agrupadas com base nos seus hábitos.

RESULTADO

As zonas húmidas, com as suas abundantes opções de habitat, sustentam a diversidade aviária de uma área. Durante o estudo na zona húmida de Adat kole, foram identificadas e registadas 87 espécies de aves de 16 ordens e 38 famílias. De acordo com o estatuto da IUCN, 83 pertenciam à categoria menos preocupante, 3 estavam quase ameaçadas e uma tinha o estatuto de vulnerável. *Ciconia episcopus*, a cegonha-de-nuca-larga registada com treze avistamentos durante este estudo, é vulnerável de acordo com o Livro Vermelho de Dados. *Anhinga melanogaster, Threskiornis melanocephalus* e *Sterna aurantia* são as quase ameaçadas.

Muitas aves necessitam de acesso funcional a zonas húmidas ou a produtos de zonas húmidas para completar o seu ciclo de vida. 13 espécies de aves registadas (15%) eram migradoras de longa distância, 20 espécies apresentavam migração local (23%) e 54 espécies eram residentes na zona (62%). As aves categorizadas de acordo com a sua guilda alimentar revelaram que 40 espécies são carnívoras, 5 herbívoras, 17 insectívoras, 21 omnívoras e 4 granívoras. Os carnívoros aquáticos (36,78%) encabeçam a lista, seguidos dos omnívoros terrestres (17,24%). A representação dos herbívoros aquáticos foi de 2,29% na região de Adat, representada por *Anas poecilorhyncha* e *Nettapus coromandelianus.* Quarenta e uma espécies de aves nesta área dependem do habitat aquático para a sua alimentação (47,1%) (Figura 1).

Figura 1. Guildas alimentares de aves das zonas húmidas de Adat kole

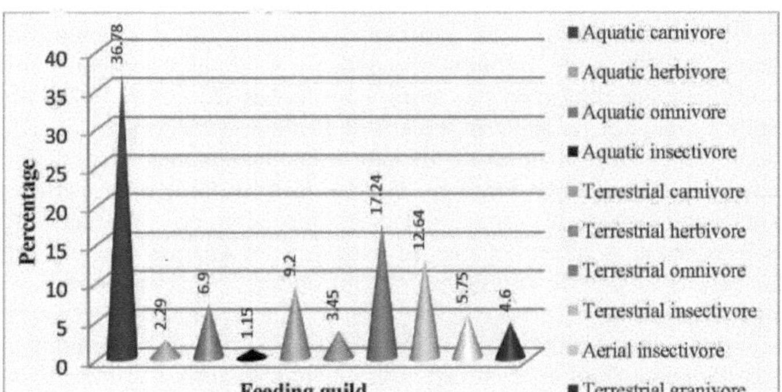

Passeriformes, que inclui maioritariamente aves terrestres, foi a ordem mais representada com 27 espécies (31,03%), seguida de Charadriiformes com 12 espécies

(13,8%). A categoria das grandes aves limícolas inclui Pelecaniformes com 11 espécies (12,64%) e Ciconiifornes com 3 espécies (3,44%).

Os Charadriiformes (13,8%) constituem as pequenas aves limícolas da zona. Suliformes (4,6%) e Podicipediformes (1,15%) são os mergulhadores (Figura 2).

Os nadadores da família Anatidae foram representados por apenas 2 espécies - *Anas poecilorhyncha* e *Nettapus coromandelianus*. Os mergulhadores foram representados por 5 espécies - *Phalacrocorax carbo, Phalacrocorax fuscicollis, Microcarbo niger, Anhinga melanogaster* e *Tachybaptus ruficollis*. *Haliastur indus* foi a principal ave de rapina registada. Foram registadas quatro espécies de forrageadoras aquáticas arborícolas *Ceryle rudis, Alcedo atthis, Pelargopsis capensis* e *Halcyon smyrnensis*. *Halcyon smyrnensis* foi a mais abundante (42), seguida de *Pelargopsis capensis* (24). Registaram-se 17 avistamentos de *Alcedo atthis* e 7 de *Ceryle rudis*. Em termos de hábitos alimentares, as forrageadoras terrestres encabeçam a lista (39,08%), seguidas das limícolas (29,88%). As pequenas e grandes limícolas foram representadas por 13 espécies cada uma (figura 3).

Figura 2. Representações por ordem das aves da zona húmida de Adat kole

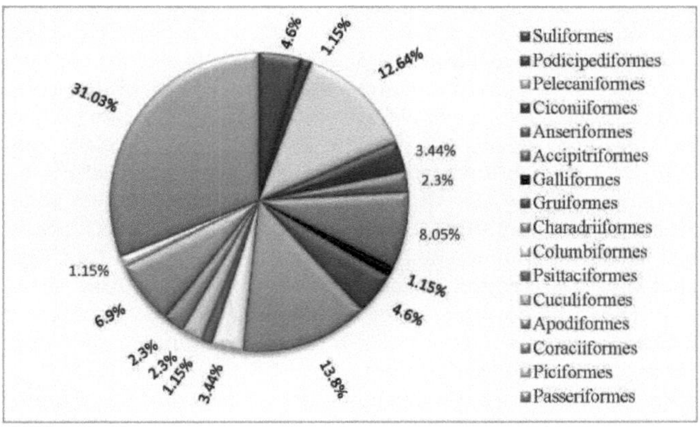

Figura 3. Hábito alimentar das aves de Adat kole

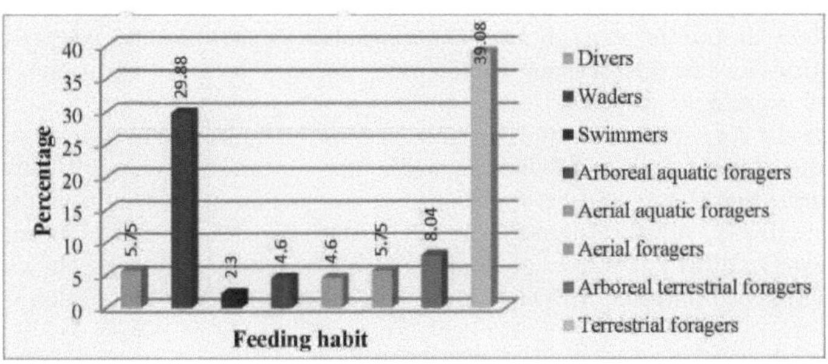

Foi registado um total de 20538 aves durante o estudo. Foi registado um grande número de *Mesophoyx intermedia* (1000) e *Egretta garzetta* (4500) em outubro de 2016. Verificou-se um aumento do número de *Bubulcus ibis* de 200 em fevereiro de 2017 para 1000 em março e 1500 em abril, após o que o número desceu para 800 em maio de 2017. No mesmo mês, foi observado um grande bando de *Threskiornis melanocephalus* (1200). A riqueza de espécies foi mais elevada nos meses de setembro de 2016, março de 2017 e abril de 2017 com 49 espécies cada. A abundância de aves no mês de outubro de 2016 foi de 6345. Em novembro de 2016, desceu para 3923, enquanto no mês de dezembro de 2016 foi tão baixa como 464. Foram registadas 6984 garças-pequenas, 270 íbis-brancos e 543 bicos-abertos-asiáticos.

DISCUSSÃO

As zonas húmidas são ecossistemas complexos e dinâmicos que ocupam cerca de seis por cento da superfície terrestre. São ecologicamente sensíveis e altamente adaptáveis por natureza (Turner *et al.* 2000), fornecendo vários bens e serviços diretos e indirectos à humanidade. O seu papel na manutenção dos ciclos hidrológicos e químicos valeu-lhes o nome de "rins da paisagem".

As zonas húmidas sustentam vários micro-habitats que são ocupados por aves de diversas guildas alimentares que determinam a identidade e as interações entre os componentes do ecossistema. Múltiplos habitats, como águas profundas e pouco profundas, vegetações ribeirinhas, etc., satisfazem as necessidades alimentares de espécies piscívoras, herbívoras, carnívoras, insectívoras e omnívoras da avifauna (Dutta *et al.* 2011). O presente estudo revelou que 47,1 % das espécies dependem da água para as suas actividades de alimentação, o que realça o papel desempenhado pelas terras kole saturadas de água no apoio à avifauna. As águas profundas abertas são adequadas tanto para mergulhadores como para nadadores, as águas pouco profundas para grandes limícolas e forrageadoras aéreas e os lodaçais abertos para pequenas limícolas.

A Adat registou treze espécies migrantes que revelam uma migração transcontinental. Esta zona húmida, com o seu microambiente distinto e diversificado, situa-se na "rota migratória da Ásia Central", oferecendo uma paragem bem-vinda. A área também suporta um grande número de aves residentes e migratórias locais, satisfazendo as suas necessidades de alimentação, nidificação e reprodução. Três espécies de aves quase ameaçadas e uma espécie vulnerável estavam a utilizar este habitat. Os forrageadores dependentes da água eram abundantes, com 32 espécies de carnívoros aquáticos, indicando uma quantidade excessiva de disponibilidade de presas sob a forma de anelídeos, artrópodes, moluscos e peixes.

As aves são importantes bio-indicadores do estado ecológico e da produtividade de um ecossistema (Li & Mundkar 2007). A riqueza, a abundância e a diversidade de espécies de uma área oferecem uma melhor perceção da estabilidade do ecossistema. A riqueza de espécies de uma zona depende da alimentação, do clima e da pressão de predação. A heterogeneidade do habitat é outro fator determinante importante. As mudanças sazonais nas zonas húmidas são dramáticas, com alterações nos níveis de água que, por sua vez, influenciam a população de aves.

No que diz respeito ao número de aves, a zona húmida de Thrissur kole é a terceira maior da Índia, depois do lago Chilika em Odisha e do tanque de Amipur em Gujarat. A Bird Life International reconheceu-a como uma das zonas importantes para as aves e a biodiversidade (IBA). A oferta liberal de alimentos funciona como um motor para a utilização deste habitat pelas aves residentes e também como uma escala anual para os migrantes transcontinentais, influenciando assim o funcionamento global das zonas húmidas.

REFERÊNCIAS

Ali S. 1953. The Birds of Travancore and Cochin (As aves de Travancore e Cochim). Oxford Univ. Press, Bombaim.

Ali S. 2012. O livro das aves indianas. 13th Ed. Bom. Nat. Hist. Soc. e Oxford Univ. Press, Oxford.

Altman J. 1974. Estudo observacional do comportamento - métodos de amostragem. *Behaviour*, 49: 227-267.

Dutta N.N., Baruah D. & Borah S. 2011. Avifaunal diversity in an IBA site of north east India and their conservation (Diversidade avifaunal num sítio IBA do nordeste da Índia e sua conservação). *Ann. Biol. Res.* 2(5): 374-384.

Fasola M., Rubolini D., Merli E., Boncompagni E. & Bressan U. 2010. Long-term trends of heron and egret populations in Italy and the effects of human-induced mortality and habitat on population dynamics. *Population Ecology* 52(1): 59.

Hoves J.G. & Bakewell D. 1989. Shore Bird Studies Manual. *AWB Publications* Kuala Lumpur 55:362 pp.

Inskipp T., Lindsey N. & Duckworth W. 1996. An annotated checklist of the birds of the oriental region, Oriental Bird Club, UK.

Kezia Kuruvilla & Ann Maria K.J. 2017. Um estudo sobre a avifauna de Palakkal Kole Wetland, Thrissur: Um sítio Ramsar do sul da Índia. *Int. J. Zool. Res.* 13(1): 12-19.

Kushlan J.A. 1979. Feeding ecology and prey selection in White Ibis. *Condor* 81: 376-389.

Li Z.W.D. & Mundkar T. 2007. Números e distribuição de aves aquáticas e zonas húmidas na região Ásia-Pacífico. Publicado por Wetlands International, Kuala Lumpur, Malásia.

Mock D.W. & Mock K.C. 1980. Feeding behaviour and ecology of Goliath Heron *(Ardea goliath). Auk* 97: 433-448.

Narayanan S.P., Dipu S. & Vijayan L. 2005. Breeding of Black-winged Stilt in Kumarakom part of Vembanad Lake, Kerala. *Indian Birds* 1(5):116.

Sale J.B. & Berkmuller K. 1988. Manual of wildlife techniques for India. Documento de campo n.º 11 FAO, Nações Unidas, Dhera Dun, Índia.

Sivaperuman C. & Jayson E.A. 2000. Birds of kole wetlands, Thrissur, Kerala. *ZOOS' print journal* 15(10): 344-349.

Turner R.K., van der Bergh J.C.J.M., Soderqvist T., Barendregt A., van der Straaten J., Maltby E & van Ierland E.C. 2000. Ecological-economic analysis of wetlands: scientific integration for management and policy. *Ecol. Econ.* 35(1): 7-23.

Capítulo 7

MORFOMETRIA E PADRÃO DA ASA UTILIZADOS COMO FERRAMENTA PARA O ESTUDO TAXONÓMICO DE BORBOLETAS NINFALÍDEAS

Jilsy P.K. e Joyce José

Departamento de Investigação e Pós-graduação em Zoologia, St. Thomas' College (Autónomo), Thrissur-1, Kerala

RESUMO

Os ninfalídeos, o grupo mais diversificado e abundante de borboletas, apresentam grandes variações na forma e no tamanho das asas, tais como margens das asas recortadas e lóbulos apicais das asas anteriores arredondados, etc. Surpreendentemente, muito pouco trabalho foi feito para quantificar formalmente a variação da asa dentro da família. O estudo da variação das asas é importante para delinear as relações filogenéticas e a evolução no que diz respeito a factores ecológicos e à seleção de hábitos e habitats que podem ter levado à variação das asas. O presente estudo foi realizado com o objetivo de documentar a morfometria do corpo e os padrões de cor das asas em borboletas comuns pertencentes à família Nymphalidae, a fim de serem posteriormente desenvolvidos como ferramenta taxonómica. Ninfalídeos comuns *(Euploea core, Parantica agleoides, Parantica aglea, Euthalia aconthea, Hypolimnas bolina)* foram colhidos, sacrificados, preservados e as medidas de diferentes partes do corpo foram tiradas usando protocolos padrão. Todas as espécies tinham cristas tricarinadas encontradas nas antenas das borboletas adultas. A venação das asas das Nymphalidae na asa anterior e na asa posterior mostra uma rede de veias longitudinais e poucas veias transversais que dividem a superfície das asas em numerosas células membranares mais pequenas caraterísticas. As espécies foram classificadas com base em três formas de asa - redonda, ondulada e pontiaguda. A cor da asa, a posição, o tamanho e a cor das manchas e das bandas também foram registados.

Palavras-chave: Nymphalidae, morfometria, venação da asa, padrão de cor da asa

INTRODUÇÃO

Nymphalidae é a maior família de borboletas com cerca de 6000 espécies distribuídas por todo o mundo. É vulgarmente conhecida como borboletas de patas em forma de escova, devido ao seu aspeto de escova devido aos pêlos finos das patas dianteiras. As borboletas desta família são de tamanho médio ou grande, de cores vivas e caracterizadas pelas cristas tricarinadas que se encontram nas antenas das borboletas adultas. Os padrões de camuflagem castanhos na parte inferior das asas e as cores mais vivas na superfície dorsal são outra caraterística geral desta família. No entanto, as ninfalídeas apresentam uma grande variedade na forma e nos padrões das suas asas. As formas das asas variam entre asas lisas e arredondadas e asas de forma irregular com entalhes e curvas minúsculas. Embora muitos estudos sobre a morfologia e os caracteres das asas em Lepidoptera/Nymphalidae tenham sido realizados em diferentes partes do mundo (Dhungel & Otaki 2014; Struass 1990; Villafuerte & Juan 1998; Zhong et al 2016) e na Índia (Patil & Magdum 2017), nenhum foi relatado em Kerala.

A maioria dos estudos sobre borboletas de Kerala centra-se na presença ou ausência, abundância, plantas hospedeiras e relações sazonais. A identificação das borboletas também se tornou um pouco frouxa do ponto de vista taxonómico devido à existência de muitos guias de campo ilustrados com fotografias de boa qualidade.

As aplicações em linha e os grupos de redes sociais dedicados às borboletas também são populares no Estado. Embora estes esforços gerem consciencialização e saciem a curiosidade dos leigos, também levam os estudantes a adotar práticas preguiçosas na identificação de uma borboleta. O estudante tenta habitualmente identificar uma borboleta com uma fotografia.

Neste cenário, os objectivos deste estudo consistem em documentar a morfometria do corpo, as formas das asas e os padrões de cor em borboletas comuns pertencentes à família Nymphalidae, a fim de serem desenvolvidos como ferramenta taxonómica.

METODOLOGIA

Os ninfalídeos mais comuns, como o corvo comum, o tigre vítreo, o tigre vítreo escuro, o tigre rústico, o tigre azul, o tigre riscado, a mosca-dos-ovos-grandes, a mosca-dos-ovos-da-danáida, etc., foram recolhidos e sacrificados e preservados, tendo sido tiradas medidas de diferentes partes do corpo, como antenas, cabeça, tórax, abdómen, envergadura, patas, etc., utilizando protocolos normalizados. As borboletas foram recolhidas com recurso a uma rede para borboletas e ao método de apanha manual em diferentes habitações humanas selecionadas aleatoriamente. As borboletas sacrificadas foram imediatamente espalhadas sem deixar o corpo secar. Foram tiradas fotografias com escala. Foram tiradas medidas de diferentes partes do corpo, tais como antenas, cabeça, tórax, abdómen, envergadura, pernas, etc. Os dados obtidos a partir destas medições foram tabelados para um estudo pormenorizado. Os padrões de cor das asas foram estudados de acordo com Penz & Neda Mohammadi (2013).

RESULTADOS

As medidas morfométricas são apresentadas no quadro 1. As espécies de borboletas ninfalídeas selecionadas apresentam pequenas diferenças nas suas medidas corporais no tórax, abdómen, antena, asas e pernas. As medidas da cabeça são iguais para todas as espécies. A asa anterior e o abdómen são comparativamente maiores na *Euploea core* (corvo comum). A asa posterior e a antena registaram os valores médios mais elevados em *Parantica agleoides* (tigre-de-bico-escuro). O tórax é comparativamente maior em *Parantica aglea* (tigre-de-bengala). Entre as espécies, o tamanho médio da asa anterior apresentou uma variação máxima (desvio padrão = 0,67), seguido do tórax (desvio padrão = 0,52), da asa posterior (desvio padrão = 0,39) e do abdómen (desvio padrão = 0,35).

Asas

As espécies foram classificadas com base em três formas de asa - redonda, ondulada e serrilhada (quadro 2) e observou-se que mais espécies tinham uma margem de asa lisa ou quase lisa com uma forma de asa arredondada. A maior parte das espécies com maior abundância relativa eram também as que tinham uma forma de asa redonda.

Tabela 1. Medidas morfométricas médias em cm de oito espécies de ninfalídeos

NO.	BODY PARTS	COMMON CROW	GLASSY TIGER	DARK GLASSY TIGER	RUSTIC	BLUE TIGER	STRIPED TIGER	GREAT EGGFLY	DANAID EGGFLY
1	HEAD	0.2	0.2	0.2	0.2	0.2	0.2	0.2	0.2
2	THORAX	0.8	2	1	0.5	0.56	0.65	0.6	0.6
3	ABDOMEN	1.93	1.76	2	1.2	1.3	1.4	1.2	1.1
4	ANTENNAE	1.53	1.53	1.6	1.5	1.5	1.55	1.6	1.6
5	FOREWING	5	4.23	4.95	3	4.06	4.05	4	3.9
6	HINDWING	2.03	2.43	2.9	1.8	1.86	2.5	2.3	2.3
7	FORELEG	1.6	1.5	1.6	1.2	1.46	1.5	1.6	1.6
8	HINDLEG	1.5	1.5	1.5	1.1	1.36	1.5	1.5	1.7

Tabela 2. Ninfalídeos selecionados classificados com base na forma da asa

ROUND WING SHAPE	WAVY WING SHAPE	SERRATED WING SHAPE
Euploea core	*Hypolimnas missipus*	*Euthalia aconthea*
Parantica aglea	*Hypolimnas bolina*	*Danaus genutia*
Parantica agleoides		
Tirumala limniace		

As veias e venações das asas anteriores e posteriores das borboletas são afuniladas, o que parece ser uma adaptação natural. A venação das asas das Nymphalidae na asa anterior e na asa posterior apresenta uma rede de veias longitudinais e poucas veias transversais que dividem a superfície da asa em numerosas células membranares mais pequenas.

Os padrões das asas de cinco espécies foram apresentados a seguir e podem ser resumidos no facto de terem sido contadas mais manchas/bandas na asa posterior do que na asa anterior em todas as regiões da asa (basal, discal, fronteira e terminal), com exceção da região central. Não foi possível discernir um padrão tão claro no tamanho das manchas/bandas. As marcas brancas foram as mais registadas, constituindo 68% de todas as marcas das asas.

1. NÚCLEO DE EUPLOEA

FORTALECIMENTO

Não há manchas específicas na região basal [b]. Tanto a região discal [d] como a região central [c] apresentam uma pequena mancha branca. A margem [bb] da asa anterior é constituída por 8 pequenas manchas, de cor branca, com tamanhos compreendidos entre 0,1 e 0,3 cm. Terminal [t] 11 pequenas manchas brancas de 0,01 a 0,3 cm.

HINDWING

Sem manchas específicas na região basal, discal e central. O bordo da asa anterior é constituído por 11 pequenas manchas brancas de tamanho compreendido entre 0,1 e 0,5 cm. Terminal: 12 pequenas manchas brancas de 0,1 a 0,3 cm.

2. PARANTICA AGLEOIDES

FORTALECIMENTO

A região basal é constituída por 2 manchas com 0,9 cm e 0,1 cm. As manchas azuis claras em forma de "V" estendem-se até à região discal. Região discal com 4 manchas azuis claras com tamanhos entre 0,6 cm e 1,2 cm. Região central com 10 pequenas manchas azuis claras com 0,1 a 0,8 cm. Região limítrofe com 6 pequenas manchas azuis claras com tamanho de 0,01 a 0,3 cm. Região terminal com 9 manchas, com tamanho de 0,1 cm.

HINDWING

A região basal da asa anterior é constituída por 4 manchas azuis claras em forma de "v", com tamanhos compreendidos entre 0,8 e 1,7 cm, que se estendem também à região discal. A região discal é constituída por 6 manchas, das quais 4 se estendem da região basal e 2 pequenas manchas azuis claras de 0,2 e 0,5 cm. A região central da asa anterior é constituída por 3 manchas azuis claras com um tamanho de 0,1 a 0,7 cm. A região limítrofe é constituída por 11 pequenas manchas azuis de 0,1 a 0,2 cm. A extremidade contém 14 pequenas manchas azuis de tamanho entre 0,1 e 0,2 cm.

3. *PARANTICA AGLEA*

FORTALECIMENTO

A região basal da asa anterior é constituída por 2 manchas brancas em forma de "V" com 1,8 cm de comprimento que se prolongam até à região discal. A região discal contém 3 manchas, duas das quais se estendem a partir da região basal e uma pequena mancha branca de 0,5 cm. A região central tem 4 pequenas manchas brancas, uma das quais se estende a partir da região discal e 3 manchas de 0,2 cm. A margem da asa anterior é constituída por 5 pequenas manchas brancas com 0,1 cm de tamanho. A parte terminal da asa anterior é constituída por 12 manchas com 0,1 cm de tamanho.

HINDWING

A região basal da asa posterior é constituída por 6 manchas brancas, 2 das quais em forma de "V" com 1,7 cm de tamanho e outras 4 manchas com 1,2 e 1,5 cm de tamanho. A região discal contém manchas que se estendem desde a região basal. A região central é constituída por 4 manchas brancas com um tamanho que varia entre 0,1 e 0,9 cm e manchas que se estendem a partir da região discal. A região limítrofe é constituída por 7 pequenas manchas brancas com 0,1 cm. A região terminal é constituída por 10 manchas brancas muito pequenas com 0,1 cm.

4. *EUTHALIA ACONTHEA*

FORTALECIMENTO

A região basal da asa anterior é constituída por uma mancha negra em forma de rim com 0,2 cm de tamanho. A região discal contém 2 manchas negras em forma de rim com 0,3 cm de tamanho. A região central é constituída por 5 pequenas manchas brancas com 0,3 cm de tamanho. O bordo da asa anterior não contém qualquer mancha específica. A região terminal não contém qualquer mancha específica.

HINDWING

A região basal da asa posterior é constituída por uma mancha negra em forma de rim com 0,2 cm. A região distal contém duas manchas negras em forma de rim com 0,3 cm. A região central contém uma extensão da mancha da região discal. A região limítrofe é constituída por 5 manchas pretas específicas com 0,1 cm. A região terminal não contém quaisquer manchas específicas.

5. *HYPYPOLIMNAS BOLINA*

FORTALECIMENTO

Não existem manchas específicas na região basal, discal e central da asa anterior. A região limítrofe é constituída por 6 pequenas manchas brancas com 0,1 a 0,2 cm. A região terminal é constituída por 8 pequenas manchas brancas com 0,1 cm.

HINDWING

Não existem manchas específicas na região basal, discal e central da asa posterior. A região limítrofe é constituída por 6 pequenas manchas brancas com 0,1 a 0,2 cm. A região terminal é constituída por 12 a 15 manchas de 0,1 a 0,2 cm.

CONCLUSÃO

Embora as espécies de ninfalídeos estudadas não variem muito em termos de tamanho e morfometria, a cor, a forma e os padrões das asas apresentam variações. Foram observadas diferentes cores de fundo dorsal e ventral, venação peculiar comum ou semelhante, diferentes expressões de ocelos/marcações nas margens entre as asas anteriores e posteriores e entre o eixo antero-posterior e as superfícies dorso-ventrais de cada asa. Está a ser estudado o desenvolvimento de uma proto-aplicação para a identificação taxonómica de borboletas e a evolução filogenética das marcas das asas em função da sobrevivência das borboletas.

REFERÊNCIAS

Dhungel B. & Otaki J.M. 2014. Análise morfométrica de asas de borboletas ninfalídeas: número, tamanho e disposição das escamas e suas implicações para a determinação do tamanho do tecido. *Ciência entomológica.* 17[2]: 207-218

Patil S. & Magdum S. 2017. Insight into Wing Venation em borboletas pertencentes às famílias Papilionidae, Nymphalidae e Pierdae do distrito de Dang, Gujarat. *Jornal de Estudos de Entomologia e Zoologia*; 5[3]: 1596-1607.

Penz C.M. & Mohammadi N. 2013. Diversidade de padrões de asas em borboletas Brassolini (Nymphalidae, Satyrinae). *Biota Neotrop.* vol.13 no.3.

Strauss R.E. 1990. Padrões de variação quantitativa na morfologia da asa de lepidópteros: Os grupos convergentes Heliconiinae e Ithomiinae [Papilionoidea: Nymphalidae]. *Evolution.* 4[1]:86-103

Villafuerte R. & Juan J.N. 1998. Digital imaging for colour measurement in ecological research. *Ecology letters* 1: 151-154.

Zhong M,. Hill G.M., Barber J.R. & Kawahara A.Y. 2016. Quantificação do tamanho e forma das asas de mariposas saturniídeas com morfometria geométrica. *Journal of the Lepidopterists' Society* 70(2):99-107.

Capítulo 8

DIVERSIDADE DE ARANHAS (ARACHNIDA: ARANEAE) EM FLORESTAS TROPICAIS MONTANHOSAS DE ERAVIKULAM PARQUE NACIONAL DE SHOLA EM GHATS OCIDENTAIS

Jimmy Paul*, **Pradeep M. Sankaran, Pothalil A. Sebastian e Mathew M. Joseph**

Divisão de Aracnologia, Departamento de Zoologia, Colégio do Sagrado Coração, Thevara , Cochim, Kerala 682 013 **jimmypaul88@gmail.com*

RESUMO

Foi efectuado um levantamento exploratório e uma análise da diversidade de aranhas nas florestas tropicais montanhosas e nubladas (TMCF) de Western Ghats, que é um dos 36 hotspots mundiais de biodiversidade. O Ghats Ocidental é uma cadeia montanhosa que corre paralelamente à costa ocidental da península indiana. Os TMCF dos Ghats Ocidentais situam-se entre 1 000 e 3 000 m e são vulgarmente conhecidos como florestas nubladas ou habitats de shola, que constituem um mosaico natural de prados e manchas florestais. O estudo foi efectuado nas TMCF do Parque Nacional Eravikulam Shola, nos Ghats Ocidentais de Kerala. A análise da estrutura das guildas revelou nove guildas alimentares: tecelões de orbes, corredores terrestres, perseguidores, escavadores, emboscadores, corredores de folhagem, construtores de teias espaciais, construtores de teias de folhas e construtores de teias emaranhadas. O estudo comparativo de espécies recolhidas em florestas nubladas de montanha superior (UMCFs) e florestas nubladas de montanha inferior (LMCFs) nos Ghats ocidentais revelou graus excecionalmente elevados de endemismo, bem como uma variação intra-específica acentuada entre alguns géneros, especialmente no que diz respeito a *Plebs*, *Martensopoda* e *Hermippus*. A natureza geográfica isolada e as condições ambientais únicas deste ecossistema contribuem para a especiação extrema na zona. O elevado grau de endemismo, juntamente com a ocorrência de várias espécies novas, faz com que as florestas nubladas sejam as mais quentes no que respeita à diversidade de espécies.

Palavras-chave: Araneae, shola, aranhas, florestas tropicais montanhosas nubladas (TMCFs), Ghats ocidentais

INTRODUÇÃO

As aranhas são a ordem mais diversa, dominada por fêmeas e inteiramente predadora no mundo dos artrópodes. São principalmente afectadas por alterações na estrutura da vegetação (Uetz, 1991), o que levou à sua utilização em estudos sobre o habitat e os efeitos das perturbações (Uetz, 1979; Downie et al., 1996; Huhta, 2002). As montanhas dos Ghats Ocidentais, no sul da Índia, são identificadas como um hotspot de biodiversidade global (Myers et al., 2000), uma ecoregião globalmente notável (Wikramanayake et al., 2001) e um Património Mundial da UNESCO. As florestas nubladas tropicais montanhosas estão entre as mais ameaçadas de todos os tipos de florestas tropicais e abrigam geralmente uma elevada proporção de taxa animais especificamente adaptados a temperaturas frescas e a condições húmidas. Com raras excepções (Werner, 1995; Somanathan & Borges, 2000), os dados do mosaico de ecossistemas de shola-grassland raramente são incluídos nas sinopses da literatura científica a nível do bioma (Bruijnzeel & Hamilton, 2000), bem como a nível académico (Bubb et al., 2004; Hamilton et al., 1995). Até à data, não foram realizados estudos sobre as aranhas das TMCF de

Kerala, exceto o estudo sobre a fauna de aranhas das TMCF de Mannavan shola (Sudhikumar et al. 2006), a maior floresta de shola da Ásia, que registou 73 espécies de aranhas pertencentes a 58 géneros de 21 famílias. Este habitat tem recebido pouca atenção em termos de conservação e investigação na Índia, e é urgente avaliar as ameaças que pesam sobre ele e os seus habitantes. O presente estudo tem por objetivo documentar a diversidade de aranhas nos TMCF do Parque Nacional de Eravikulam Shola. Este estudo também fornece a análise da estrutura das guildas e a análise comparativa das espécies recolhidas nas florestas nubladas de montanha superior e nas florestas nubladas de montanha inferior.

MATERIAIS E MÉTODOS

Área de estudo: O Parque Nacional de Eravikulam situa-se ao longo da crista dos Ghats Ocidentais, nas cordilheiras altas, no distrito de Idukky, estado de Kerala, entre 10° 05' e 10° 20' N. Lat. E 77° a 77° 10'E. Long. Toda a área se insere no Devikulam taluk do distrito de Idukky. Os principais tipos de vegetação da zona de estudo são os prados e as florestas de shola. Para além disso, observam-se algumas florestas de transição nas cotas mais baixas, ou seja, florestas subtropicais de montanha do sul, entre 1200 m e 1700 m. Observa-se também uma pequena percentagem de florestas tropicais perenes da costa ocidental. Cerca de 60% da área está coberta por prados e cerca de 25% da área é constituída por florestas de shola. As monções são a caraterística dominante do ciclo meteorológico. As chuvas torrenciais, os ventos de alta velocidade e a fraca visibilidade durante o período das monções tornam a região totalmente inacessível.

Inquérito: A amostragem baseou-se no método da quadratura e a recolha de amostras foi feita por varredura, varredura, extração de lixo e recolha manual aérea. Foi adoptada uma estratégia de amostragem a fim de cobrir toda a área florestal. A totalidade da área foi dividida em quatro localidades de forma aleatória. Em cada localidade foram selecionadas parcelas de amostragem com 5×5 m. Foi dada a máxima atenção à colocação de quadrículas em diferentes sholas em cada localidade mas, por vezes, devido à falta de um número suficiente de sholas ou à inacessibilidade, foi inevitável colocar mais do que uma quadrícula numa shola. O estudo foi realizado sazonalmente durante 12 meses: outubro de 2016 - outubro de 2017. Os espécimes foram conservados em álcool a 70% e depositados na coleção da Divisão de Aracnologia, Departamento de Zoologia, Colégio do Sagrado Coração, Thevara, Cochim, Kerala, Índia.

RESULTADOS

Durante o estudo, foi recolhido um total de 114 aranhas pertencentes a 23 famílias e 81 géneros. Das 114 espécies, 111 pertencem à subordem Araneomorphae e 3 pertencem à subordem Mygalomorphae. Entre as aranhas coletadas, 6 spp. viz, *Psechrus* sp. (Família Psechridae), *Ebrechtella* sp. (Família Thomisidae), *Haploclastus* sp. (Família Theraphosidae) e *Okileucauge* sp. (Família Tetragnathidae), *Martensopoda* sp. (Família Sparassidae) foram identificadas como novas para a ciência. A nível genérico, *Ebrechtella* Dahl, 1907 é registada pela primeira vez na Índia. A nível de espécie, *Neriene hammeni* Van Helsdingen, 1968 é registada pela primeira vez na região oriental (Indomalayan). A análise taxonómica revelou que Araneidae é a família dominante, representada por 18 spp. em 15 géneros. A família Theridiidae foi a segunda família dominante com (14 spp. pertencentes a 10 géneros). As famílias Thomisidae (12 spp. pertencentes a 10 géneros), Salticidae (7 spp. pertencentes a 8 géneros), Tetragnathidae (8 spp. pertencentes a 6 géneros) e Clubionidae (8 spp. pertencentes a 2 géneros) foram as outras famílias importantes amostradas durante este período de estudo.

Estrutura do grémio: Um grémio é definido como um grupo de espécies que exploram os mesmos recursos. A análise da estrutura da guilda revelou nove guildas de alimentação: tecelões-orbitais, corredores terrestres, perseguidores, escavadores, emboscadores, corredores de folhagem, construtores de teias espaciais, construtores de teias de folhas e construtores de teias emaranhadas (Fig. 1). As tecelãs-orbitais, pertencentes às famílias Araneidae, Tetragnathidae e Uloboridae, constituíram a guilda dominante, representando 24% do total de spp. amostradas. Os ambushers, representados pelas famílias Thomisidae, Philodromidae e Pisauridae formaram a segunda maior guilda (18% do total de spp. amostradas). Outros grupos importantes incluíam os corredores de folhagem (14%), os construtores de teias espaciais e os corredores terrestres (13% cada), os perseguidores (7%), os construtores de teias emaranhadas (5%), os construtores de teias em folha e os escavadores (3% cada).

Análise comparativa: A análise comparativa das espécies recolhidas nas TMCFs baseia-se na seguinte classificação altitudinal: florestas nubladas de montanha superior (UMCFs 1000 - 1400m) e florestas nubladas de montanha inferior (LMCFs 1400m - 2600m). A comparação das espécies recolhidas nas florestas nubladas alto-montanas e baixo-montanas revela que seis famílias (Ctenidae, Pholcidae, Gnaphosidae, Hersiliidae, Lyocranidae, Uloboridae) foram recolhidas exclusivamente nas LMCFs e três famílias (Hahniidae, Palpimanidae, Zodaridae) foram recolhidas apenas nas UMCFs (Fig. 2).

Quadro 1. Lista consolidada da família, géneros e espécies de aranhas recolhidas em florestas tropicais montanhosas de nuvens nos Ghats Ocidentais

Sl. No.	Family	Genus	Species
1	Araneidae Clerck, 1757	15	18
2	Clubionidae Wagner,1887	2	8
3	Ctenidae Keyserling,1877	2	2
4	Eutichuridae Lehtinen,1967	1	3
5	Pholcidae C. L. Koch,1850	1	1
6	Gnaphosidae Pocock,1898	2	2
7	Hahniidae Bertkau,1878	2	2
8	Hersiliidae Thorell,1870	1	1
9	Linyphiidae Blackwall,1859	4	6
10	Lycosidae Sundevall,1833	4	5
11	Lyocranidae Simon,1897	2	3
12	Palpimanidae Thorell,1870	1	1
13	Philodromidae Thorell,1870	3	5
14	Pisauridae Simon,1890	2	3
15	Psechridae Simon,1890	1	2
16	Salticidae Blackwall,1864	7	8
17	Sparassidae Bertkau,1872	4	4
18	Tetragnathidae Menege,1866	6	8
19	Theraphosidae Thorell,1869	1	3

20	Theridiidae Sundevall, 1833	10	14
21	Thomisidae Sundevall, 1833	7	12
22	Uloboridae Thorell,1869	1	1
23	Zodariidae Thorell,1881	2	2
Total	**23**	**81**	**114**

Figura 1. Composição da guilda de aranhas recolhidas em florestas tropicais montanhosas nubladas nos Ghats Ocidentais

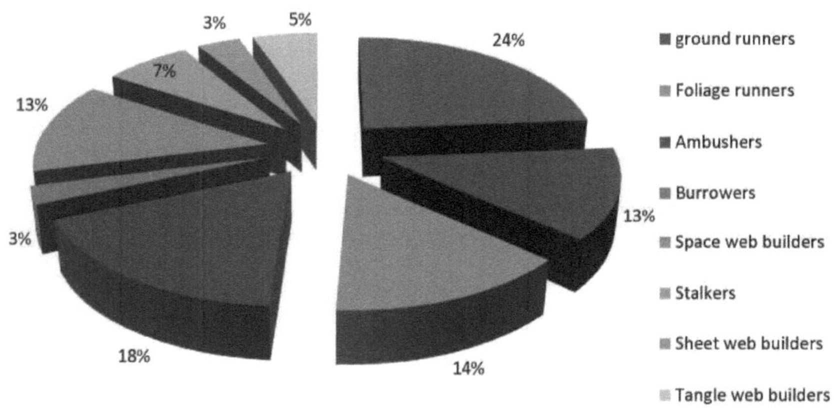

Figura 2. Comparação das espécies de aranhas recolhidas em florestas nubladas de montanha inferior e de montanha superior

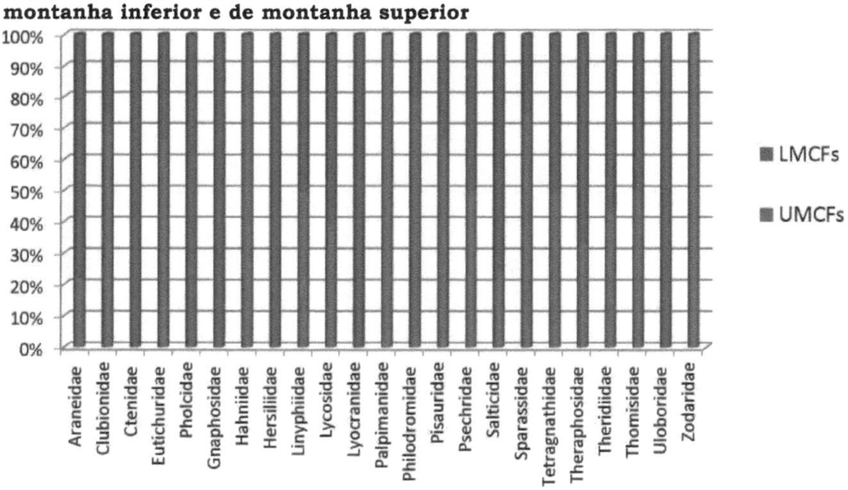

DISCUSSÃO

O estudo de aranhas em TMCFs do Parque Nacional Eravikulam Shola forneceu informações importantes sobre as caraterísticas únicas da diversidade de aranhas deste importante ecossistema. A elevada riqueza de espécies e a observação de novos registos inesperados do ecossistema shola-grassland indicam claramente que o habitat necessita de mais atenção por parte dos investigadores. Devido à sua natureza irregular e sensível, é urgente avaliar as ameaças que pesam sobre este ecossistema e os seus habitantes. Tal como outras florestas tropicais montanhosas de nuvens dos Ghats Ocidentais, o Parque Nacional Eravikulam Shola também alberga um grande número de espécies endémicas. A amostragem extensiva para o estudo em diferentes manchas de shola revela que alguns géneros, como *Plebs*, *Martensopoda* e *Hermippus*, apresentam graus de endemismo excecionalmente elevados. Os resultados do estudo, especialmente a elevada diversidade e o endemismo, justificam estudos anteriores no ecossistema de shola-grassland em Kerala (Sudhikumar et al., 2006).

O ecossistema shola-grassland ou as florestas tropicais montanhosas nubladas (TMCF) contam-se entre os mais ameaçados de todos os tipos de florestas tropicais. Abrigam geralmente uma elevada proporção de muitos taxa endémicos de plantas e animais especificamente adaptados a temperaturas frescas e a condições húmidas. A análise comparativa entre o montano superior e o montano inferior revela que há algumas famílias de aranhas que estão frequentemente limitadas e só se encontram em regiões de elevada altitude. Para estes taxa que nunca descem para as regiões de menor altitude, é como se vivessem em ilhas continentais e, para além disso, os vales também servem como barreiras naturais para a vicariância e dispersão (Fig. 2). Pelo contrário, se os vales forem ecologicamente hospitaleiros para algumas espécies, podem servir de pontes. Estudos demonstraram que algumas espécies são particularmente afectadas pelo seu isolamento geográfico, enquanto outras não o são. Todos estes factores fazem das TMCF do Parque Nacional de Eravikulam Shola uma região interessante para examinar o efeito do isolamento geográfico nas espécies, muitas das quais são endémicas destas montanhas.

Embora as TMCFs sejam menos diversificadas do que as florestas de planície, quando se consideram os seus níveis excecionalmente elevados de endemismo regional, a sua diversidade colectiva de espécies excederia provavelmente qualquer outro tipo de floresta. As notáveis variações intra-específicas exibidas por *Plebs mitratus* (Simon, 1895), fornecem uma indicação preliminar do efeito do isolamento geográfico na variação faunística inter e intra-específica nas diferentes regiões do Parque Nacional Eravikulam Shola (Paul et al., 2016). No entanto, sabe-se muito pouco sobre a relação entre os padrões de distribuição das espécies e as principais barreiras geográficas nos Ghats Ocidentais. Todos os factores acima referidos indicam a necessidade de realizar estudos mais aprofundados sobre a taxonomia, a ecologia e a biogeografia das aranhas nas florestas tropicais montanhosas e nubladas (TMCF) dos Ghats Ocidentais, utilizando técnicas a nível morfológico e molecular.

RECONHECIMENTO

Estamos gratos ao Science and Engineering Research Board (SERB)- DST, Nova Deli, por fornecer apoio financeiro ao abrigo do Projeto de Investigação Principal: No. SB/SO/AS/094/2013 e ao Rev. Dr. Prasanth Palackappillil CMI, Diretor, Sacred Heart College, pelas facilidades concedidas. Estamos gratos ao Conservador Chefe das Florestas, Departamento Florestal de Kerala, pela autorização de recolha e aos Srs. Nafin K.S, C. S. Jayadevan e Tony Antony pela assistência no terreno.

REFERÊNCIAS

Bruijnzeel L. A. & L. S. Hamilton. 2000. Decision Time for Cloud Forests. IHP Humid Tropics Programme Series, No. 13, UNESCO, Paris.

Bubb P., I. May, L. Miles & J. Sayer. 2004. Cloud Forest Agenda, I UNEP-WCMC, Cambridge, 2004.http://www.unep-wcmc.org/resources/publications/UNEP_WCMC_bio_series/20.htm

Downie I., Coulson, J. e Butterfield J. 1996. Distribution and dynamics of surface dwelling spiders across a pasture-plantation ecotone. *Ecografia*, 19: 29-40.

Hamilton L. S., Juvik J. O. & Scatena F. N. 1995. Florestas tropicais montanas nebulosas. *Ecological Studies*. Springer Verlag, Nova Iorque.

Holder C. D. 2006. The hydrological significance of cloud forests in the Sierra de las Minas Biosphere Reserve, Guatemala. *Geoforum* 37: 82-93.

Huhta V. 2002. Comunidades de macroartrópodes do solo em povoamentos de bétulas plantadas em comparação com florestas naturais no centro da Finlândia. *Appl. Soil Ecol.*, 20: 199209.

Myers N., Mittermeier R., Mittermeier C., da Fonseca G & Kent J. 2000. Biodiversity hotspots for conservation priorities. *Nature* 403: 853-858.

Paul J., Sankaran P. M., Joseph M. M. & Sebastian P. A. 2016. O macho da aranha orb-weaving *Plebs mitratus* (Simon, 1895) e uma redescrição da fêmea (Araneae, Araneidae). *Zootaxa* 4179(1): 103-106

Somanathan, H. & R. M. Borges. 2000, -Influence of Exploitation on Population Structure, Spatial Distribution and Reproductive Success If Dioecious Species in Fragmented Cloud Forest in India. *Biological Conservation* Vol. 80, pp. 9-15.

Sudhikumar A.V., M.J. Mathew, E. Sunish, S. Murugesan & P.A. Sebastian. 2006. Preliminary studies on the diversity of spider fauna in Mannavan shola forest, Kerala, India. *Ata Zool. Bulgarica*. Suppl. No. 1: 319-327.

Uetz G.W. 1979. The influence of variation in litter habitats on spider communities. *Oecologia*, 40: 29-42.

Uetz G.W. 1991. Estrutura do habitat e forrageamento de aranhas. In: Bell, S., McCoy, E., Mushinsky, H. (Eds.), Habitat Structure: The Physical Arrangement of Objects in Space. Chapman and Hall, Londres.

Werner W.L. 1995. Biogeografia e Ecologia da Floresta Tropical Alto-Montana do Sri Lanka (Ceilão). Em: L. S. Hamilton, J. O. Juvik e F. N. Scatena, Eds., Ecological Studies 110: *Tropical Montane Cloud Forests*, Springer- Verlag, Nova Iorque, 1995, pp. 343-352.

Wikramanayake E., Dinerstein E. & Loucks C. 2001. Terrestrial ecoregions of the Indo-Pacific: a conservation assessment. Washington DC: Island Press. 824 p.

WWF. 2001. Wild world, WWF full report, South Western Ghats montane rain forests (IMO151), disponível em linha (http://worldwildlife.org/wildworld /profiles/terrestrial /im/im0151 full.html).

Capítulo 9

PRIMEIRO RELATÓRIO DE TAXOCENOSE DE LYCAENIDAE EM ZONAS MONOCULTORAS DE MALAPPURAM, KERALA

Joyce José e Mubasheera K.

Departamento de Investigação e Pós-graduação em Zoologia
St. Thomas' College (Autónomo), Thrissur, Kerala

RESUMO

Os arrozais representam um ecossistema único de zonas húmidas de monocultura artificial. As plantas que não o arroz proliferam nos feixes e espalham-se pelos campos em pousio. Assim, os arrozais constituem um habitat de elevado potencial para as borboletas. Compreender a bionomia dos Lycaenídeos, a segunda maior família de borboletas, é importante para gerar dados sobre o papel das larvas de Lycaenídeos como pragas dos arrozais ou agentes de controlo natural de pragas e compreender o papel destas borboletas como indicador da saúde do ecossistema e polinizador nos arrozais. Neste artigo, elucidamos o estado ecológico preliminar da taxocenose de Lycanidae dos arrozais de Malappuram (parte de Vemband Kole, um sítio RAMSAR). Foi registado um total de sete espécies e 257 indivíduos. A diversidade de Shanon foi baixa e a regularidade foi elevada. A monocultura e a falta de gradação nos gradientes ambientais dão origem a uma maior competição entre espécies com requisitos ecológicos semelhantes, como foi indicado pela correlação negativa significativa nas suas abundâncias. Como seria de esperar, os modelos de distribuição de espécies habitualmente utilizados, como o log normal, logístico, exponencial, "broken stick", etc., não puderam ser adaptados aos dados relativos à abundância de espécies de borboletas.

Palavras-chave: Lycaenidae, arrozais, diversidade, distribuição da abundância, competição

INTRODUÇÃO

A diversidade biológica é cada vez mais reconhecida como um parâmetro vital para avaliar as alterações globais e locais e a sustentabilidade da atividade de desenvolvimento (Lovejoy, 1995). Para além do seu valor estético, as borboletas (Lepidoptera, Insecta) têm papéis importantes no funcionamento dos ecossistemas. Devido à sua diversidade, ampla distribuição, especificidade em relação ao tipo de vegetação, resposta rápida a perturbações, traçabilidade taxonómica, abundância estatisticamente significativa e facilidade de amostragem, têm sido consideradas organismos úteis para monitorizar as alterações ambientais (Raghavendra et al., 2011).

As zonas húmidas albergam populações únicas de borboletas, algumas das quais têm necessidades de habitat limitadas e não podem deslocar-se para longe de bolsas de habitat adequado. A diversidade vegetal é uma componente fundamental da diversidade de borboletas numa zona húmida e, quando a diversidade vegetal de uma zona húmida diminui, a sua diversidade de borboletas também diminui. Os arrozais são um ecossistema artificial de zonas húmidas definido como um habitat aquático sazonal e temporário gerido de forma agro-económica e regulado com um grau de intensidade variável (Bahaar & Bhatt, 2011). As fronteiras ecológicas exactas, as fortes interações entre os componentes biológicos e geoquímicos, as mudanças rápidas (Fores & Comin, 1992) e a monocultura durante as estações agrícolas fazem dos arrozais uma entidade ecológica única. Outras plantas, para além do arroz, proliferam nas regiões não cultivadas (feixes) e espalham-se pelos campos quando estes se encontram em pousio. Assim, os arrozais têm um elevado potencial para fornecer habitat às borboletas. Supõe-se que os gradientes nas condições ambientais (inundação e diversidade vegetal) afectam a riqueza de espécies dos mesmos.

Lycaenidae é a segunda maior família da ordem Lepidoptera, classe Insecta, com mais de 5000 espécies, também designadas por borboletas de asas de aranha. A família Lycaenidae é tradicionalmente dividida nas subfamílias das borboletas azuis (Polyommatinae), das coppers (Lycaeninae), das hairsrteakes (Theclinae) e das harvesters (Miletinae). Os adultos são pequenos, geralmente com 5 cm. As larvas são frequentemente achatadas em vez de cilíndricas e sabe-se que estão associadas a formigas. Os adultos têm antenas peludas como caudas completas com um aspeto anulado preto e branco.

Embora muitos estudos sobre a diversidade e abundância de borboletas tenham sido realizados nas zonas florestais e nas zonas protegidas de Kerala, há uma escassez de estudos bem planeados e a longo prazo nas zonas húmidas de arrozais (Soniya & Palot, 2002) de Malappuram, a extensão mais a norte do sistema de Vembanad kole (um sítio RAMSAR). Neste contexto, o objetivo do presente estudo é compreender e documentar a taxocenose de Lycanidae nos arrozais de Malappuram, Kerala.

METODOLOGIA

Área de estudo: A área de estudo são os arrozais do distrito de Malappuram. Malappuram é um distrito no norte de Kerala que tem o Mar Arábico a oeste. Os arrozais de Malappuram são a extensão mais a norte de Vembanad Kole, um sítio RAMSAR. Malappuram tem um clima tropical. Malappuram regista uma precipitação significativa na maioria dos meses, com uma curta estação seca. A temperatura média anual em Malappuram é de 27,3 °C. Num ano, a precipitação média é de 2952 mm e a humidade média é de 80%.

Recolha de dados: Os dados foram recolhidos em dez locais diferentes da área de estudo (Fig. 1), através de visitas repetidas. O número total de espécies de borboletas Lycaenidae encontradas e o número de cada espécie foram anotados separadamente em cada visita. Os factores abióticos, como a temperatura e a humidade, também foram anotados com um termo-higrómetro. A recolha de borboletas foi efectuada com uma rede de varredura. Foi feita uma recolha mínima em cada local. Sempre que possível, foram tiradas fotografias. Estas fotografias e os espécimes recolhidos foram identificados utilizando o guia de campo (Kehimkar). Os factores como latitude e longitude, altitude, atividade das espécies observadas, caraterísticas de identificação das borboletas também foram registados em todos os locais para diferentes tipos de análise.

Análise estatística: Os dados foram tabulados no MS Excel e as análises estatísticas (índices de diversidade alfa, correlação de Spearman entre contagens individuais de diferentes espécies e parâmetros ambientais, teste de modelos de abundância) foram feitas usando os softwares PAST e XCELSTAT.

RESULTADOS E DISCUSSÃO

Foi registado um total de sete espécies e 257 indivíduos (Quadro 1). *Lampides boeticus* foi a espécie mais abundante e constituiu quase 60% da comunidade. *Castalius rosimon* e *Jamides celeno* foram as espécies seguintes mais abundantes. A diversidade de Shannon foi baixa e variou entre 0,5 e 1,3. A uniformidade foi alta e variou entre 0,95 e 0,77 (Tabela 2).

A monocultura e a ausência de gradação nos gradientes ambientais dão origem a uma existência única para estas borboletas, ao contrário do que acontece nos ecossistemas naturais. O aumento da competição resultante entre espécies com requisitos ecológicos semelhantes foi indicado por uma correlação negativa significativa nas suas abundâncias (Quadro 3). Como era de esperar, os modelos de distribuição de espécies habitualmente utilizados, como o log normal, logístico, exponencial, de vara quebrada, etc., não puderam ser ajustados aos dados de abundância das espécies de borboletas (Figuras 1a, 1b, 1c, 1d). O SAD tem sido utilizado para distinguir as espécies ocasionais das espécies nucleares (Magurran & Henderson, 2003), as alterações de estrutura e composição ligadas à sucessão (Bazzaz, 1975) ou as alterações antropogénicas (Gray, 1987). O SAD tem um bom desempenho na distinção de comunidades terrestres sob diferentes influências (Mouillot & Lepretre, 2000). Os estudos mostram o elevado potencial dos modelos SAD para servirem de indicadores ambientais definidos como um índice facilmente medido que indica o estado (saúde) de um ecossistema (Bakkes, 1994).

CONCLUSÃO

A monocultura e a ausência de gradação nos gradientes ambientais dão origem a uma existência única para estas borboletas, ao contrário do que acontece nos ecossistemas naturais. O aumento da competição resultante entre espécies com requisitos ecológicos semelhantes foi indicado por uma correlação negativa significativa nas suas abundâncias. As condições únicas da monocultura foram indicadas pela incapacidade dos modelos SAD comuns de se ajustarem aos conjuntos de dados.

RECONHECIMENTO

Agradecemos ao Dr. P.O. Jenson (Diretor) e ao Dr. Francy K. Kakkassery (Chefe do Departamento de Zoologia), St. Thomas' College (Autónomo), Thrissur, pelas instalações disponibilizadas para o nosso trabalho de investigação. Thomas's College (autónomo), Thrissur, pelas instalações disponibilizadas para o nosso trabalho de investigação. Estamos gratos ao Departamento de Educação Geral do Estado de Kerala e ao Diretor do GVHSS, Chettiyamkiner, por permitirem o trabalho de investigação.

REFERÊNCIAS

Bahaar, S.W.N. & Bhatt, G.A. 2011. Community Organization and Distribution of Lepidoptera in the Rice Fields of Kashmir (J e K) India. *Jornal Asiático de Ciências Biológicas.* 4 (7): 563569.

Bakkes, J.A. 1994. An overview of environmental indicators: state of the art and perspectives. PNUA/Earthprint, 1994.

Bazzaz, F.A. 1975. Diversidade de espécies vegetais em ecossistemas sucessionais de campos antigos no sul de Illinois. *Ecology*, 1975, 56, 485-488.

Fores, E. & Comin, F.A. 1992. Arrozais: Uma perspetiva limnológica. *Limnetica.* 10:101109.

Gray, J. S. 1987). *Species-abundance patterns.* In Organization of Communities Past and Present (eds Gee, J. H. R. and Giller, P. S.), Blackwell Science, Oxford, 1987, pp. 53-67.

Lovejoy, T.E. 1995. *Biodiversity Measurement and Estimation (Medição e Estimativa da Biodiversidade*). Chapman and Hall, Londres, 8187.

Magurran, A. E. & Henderson, P. A., 2003. Explaining the excess of rare species in natural species abundance distributions. *Nature*, 422, 714-716.

Mouillot, D. & Lepretre, A. 2000. Introdução de índices de distribuição da abundância relativa (RAD), estimados a partir dos diagramas de frequência de classificação (RFD), para avaliar as alterações.

Raghavendra, G., Vijaya Kumara, H.T., Pramod, A. F. & Hosetti, B.B. 2011. Butterfly Diversity, Seasonality and Status in Lakkavalli Range of Bhadra Wildlife Sanctuary, Karnataka. *Revista Mundial de Ciência e Tecnologia. 1(11): 6772.*

Soniya, V.P. & Palot, J. 2002. Sobre uma coleção de borboletas do ecossistema de arrozais de Palakkad dt. Kerala. *Zoos' Print Journal.* 17(7):829.

Tabela 1. Lista e abundâncias relativas das espécies da área de estudo

Species Name	**Relative abundance**
Lampides boeticus	57.20
Jamides celeno	15.56
Castalius rosimon	17.12
Euchrysops cnejus	4.28
Spindasis vulcanus	2.72
Zizeeria karsandra	1.56
Jamides bochus	1.56
Total	100

Tabela 2. Índices de diversidade alfa nos locais de estudo

	Keeranallur	Venchali Padam	Mammali Padi	Chembra	Kooriyad	Manninpilakkal	Varikkottu Thara	Omachappuzha	Manalippuzha	Omachappuzha	Total
Taxa_S	2	2	2	2	3	2	3	3	4	3	7
Individuals	50	10	24	35	20	40	12	20	24	22	257
Shannon_H	0.6109	0.6109	0.4506	0.6429	0.9986	0.5004	1.04	1.081	1.324	0.8428	1.274
Evenness_e^H/S	0.921	0.921	0.7846	0.951	0.9048	0.8247	0.9428	0.9821	0.94	0.7743	0.5106

Tabela 3. Matrizes de correlação (correlação de Spearman; os valores significativos a <u>5% são apresentados a negrito)</u>

Variables	Pea Blue	Common Cerulean	Common Pierrot	Gram Blue	Common Silverline	Dark Grass Blue	Dark Cerulean	Temperature	Humidity	Altitude
Pea blue	**1**	-0.089	0.259	**-0.683**	-0.058	-0.058	-0.522	0.207	-0.202	0.411
Common cerulean	-0.089	**1**	**-0.838**	0.137	-0.262	-0.262	0.525	0.372	0.173	0.090
Common pierrot	0.259	**-0.838**	**1**	-0.075	0.118	0.118	-0.473	-0.534	0.143	-0.056
Gram blue	**-0.683**	0.137	-0.075	**1**	-0.166	-0.166	0.580	-0.065	-0.044	-0.438
Common	-	-0.262	0.118	-	**1**	**1.000**	-	-	0.117	0.176

silverline	0.058			0.166			0.111	0.058		
Dark grass blue	-0.058	-0.262	0.118	-0.166	**1.000**	1	-0.111	-0.058	0.117	0.176
Dark cerulean	-0.522	0.525	-0.473	0.580	-0.111	-0.111	1	0.117	0.293	-0.294
Temperature	0.207	0.372	-0.534	-0.065	-0.058	-0.058	0.117	1	**-0.668**	0.265
Humidity	-0.202	0.173	0.143	-0.044	0.117	0.117	0.293	**-0.668**	1	-0.130
Altitude	0.411	0.090	-0.056	-0.438	0.176	0.176	-0.294	0.265	-0.130	1

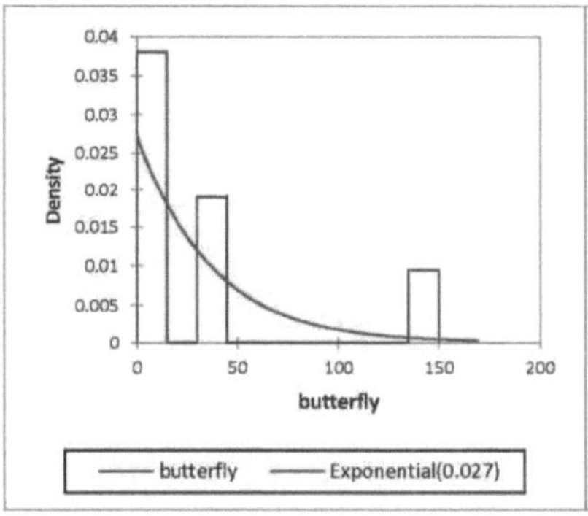

Figura 1 a. Distribuição exponencial comparada com o conjunto de dados

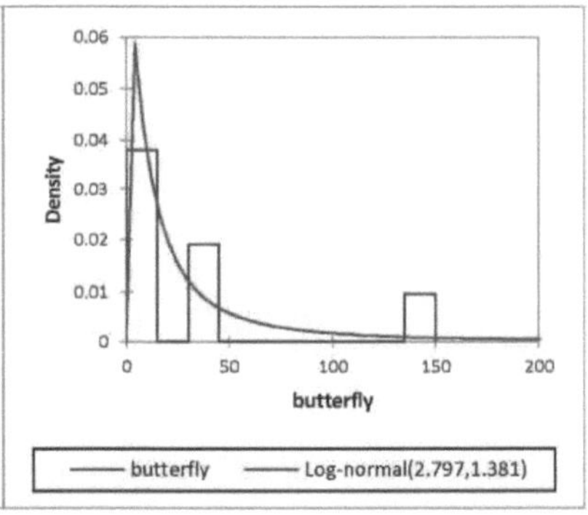

Figura 1 b. Distribuição logarítmica normal comparada com o conjunto de dados

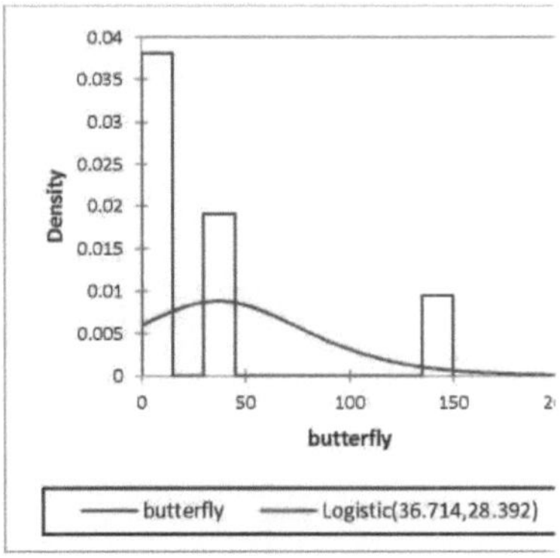

Figura 1 c. Distribuição logística comparada com o conjunto de dados

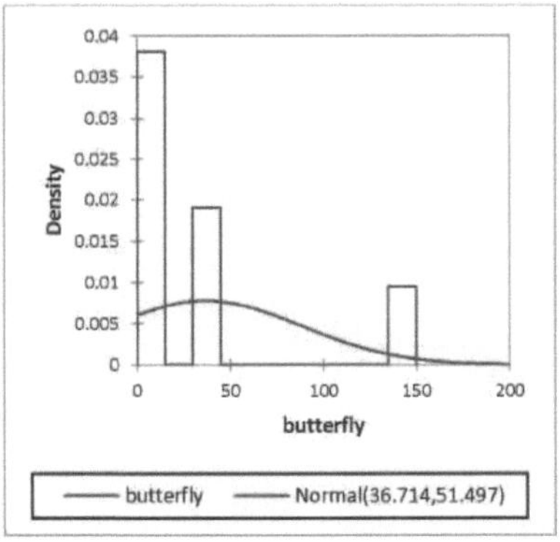

Figura 1 d. Distribuição normal comparada com o conjunto de dados

Capítulo 10

ESTUDO PRELIMINAR SOBRE A FAUNA DE ARANHAS DO HABITAT RIBEIRINHO PERTO DO RIO JOJARI, RAJASTÃO, ÍNDIA

Kashmeera N.A.* e Sudhikumar A.V.

Centro de Taxonomia e Ecologia Animal, Departamento de Zoologia, Christ College, Irinjalakuda, Kerala-680125

**kashmeera.n.a@gmail. com*

RESUMO

Foi efectuado um estudo preliminar para documentar as aranhas do rio Jojari, um afluente do rio Luni, o único rio que atravessa a parte ocidental do estado do Rajastão. Foram documentadas nesta zona 10 espécies pertencentes a 9 géneros e 6 famílias. Salticidae e Lycosidae foram consideradas as famílias mais ricas em espécies. A análise da estrutura da guilda revelou 4 guildas alimentares: perseguidores, emboscadores, construtores de teias espaciais e corredores terrestres.

Palavras-chave: Aranhas, ecossistema ribeirinho, poluição, bioindicador

INTRODUÇÃO

As aranhas têm sido amplamente utilizadas como indicadores ecológicos na conservação e gestão da natureza. São os predadores dominantes e os estabilizadores do equilíbrio presa-predador no ecossistema natural (Schmitz et al., 2010). Para além de terem indubitavelmente um grande valor para o ambiente, as aranhas são organismos comparativamente negligenciados na investigação sobre biodiversidade. Tendo em conta o nível crescente de ameaças antropogénicas à biodiversidade, é urgente inventariar e documentar adequadamente a biodiversidade, em especial dos grupos negligenciados, como os aracnídeos. A aceleração da taxa de extinção de espécies devido a actividades antropogénicas aumenta a necessidade urgente de conservar a biodiversidade. O passo mais importante na conservação da biodiversidade é a identificação dos seus componentes críticos. No entanto, até à data, apenas uma pequena fração dos milhões de espécies que se pensa existirem foi identificada e catalogada. As aranhas dos habitats ribeirinhos estão muito pouco documentadas no mundo. Alguns dos primeiros estudos sobre aranhas de zonas ribeirinhas foram efectuados por Schenkel (1932), Knulle (1953) e Casemir (1962). Alguns outros trabalhos foram referidos por Beyer 1995; Beyer & Grube 1997; Framenau 1995; Hugenschutt 1996; Ruzicka & Hajer 1996; Steinberger 1996. A fauna de aranhas do habitat ribeirinho perto do rio Jojari, Rajasthan, foi analisada neste estudo.

METODOLOGIA

Jojari é um afluente do rio Luni, o único rio que atravessa a parte ocidental do estado do Rajastão. As aranhas foram recolhidas de dezembro de 2016 a dezembro de 2017. Foram adoptados os seguintes métodos para a recolha de aranhas.

1. Método de colheita manual

Este método envolve a recolha manual no solo ou método "olhando para baixo" e o método de recolha manual aérea ou método "olhando para cima". No método de recolha manual no solo, serão recolhidas todas as aranhas visíveis no solo, ou seja, abaixo do nível do joelho. Este método de amostragem será utilizado para a recolha de aranhas que habitam a folhagem, os detritos do solo da floresta, a superfície das plantas, debaixo de troncos de madeira e pedras (Coddington et al., 1996, Sorensen et al., 2002; Scharff et al., 2003). As aranhas visíveis desde o nível do joelho até à altura que uma pessoa consegue alcançar são recolhidas através do método manual aéreo (Sorensen et al., 2002; Scharff et al., 2003). Este método será aplicado para a recolha de aranhas construtoras de teias e de aranhas que vivem na folhagem. Em ambos os métodos, os espécimes são atirados para o frasco de colheita com um pincel macio ou um cotonete.

2. Método do lenço

As aranhas serão recolhidas lançando um lenço por cima delas e transferindo-as para o frasco de recolha, segurando-as cuidadosamente com a mão (Sebastian et al., 2006).

3. Batida

As aranhas que se encontram em vegetação robusta serão recolhidas colocando um tabuleiro de bater ou um guarda-chuva aberto invertido por baixo da vegetação e batendo ou sacudindo os ramos. As aranhas que caem no tabuleiro devem ser recolhidas antes de escaparem (Tikader, 1987).

4. Aspiração

As aranhas que se escondem em fendas de pedras ou cascas de árvores podem ser recolhidas por este método. Um aspirador consiste num frasco de vidro coberto com uma rolha de borracha, do qual saem dois tubos - um longo e outro curto. O tubo curto é colocado perto da aranha e esta é aspirada para dentro do frasco através do tubo longo, por inalação. O tubo longo é coberto com uma tela no interior do frasco para evitar a entrada do espécime na boca do coletor (Sebastian & Peter, 2009).

5. Amostragem de lixo

Este método será utilizado para recolher aranhas do lixo. O lixo será recolhido dos locais de amostragem em sacos de plástico. Os sacos selados serão transportados para o laboratório e as aranhas serão selecionadas depois de se colocar o lixo numa folha de lona grande ou em papel branco (Coddington et al., 1991; Coddington et al., 1996). A identificação das aranhas foi efectuada de acordo com Tikader, 1987; Barrion e Listinger, 1992; Jocque & Dippenaar-Schoeman, 2006; Sebastian & Peter, 2009).

RESULTADOS

Durante o estudo, foi recolhido um total de 10 espécies pertencentes a 8 géneros e 4 famílias (Quadro 1). Salticidae e Lycosidae foram as famílias mais ricas em espécies. As aranhas recolhidas podem ser divididas em quatro grupos funcionais - corredoras terrestres, construtoras de teias espaciais, perseguidoras e emboscadoras. O grupo mais dominante de corredores terrestres é constituído por aranhas pertencentes às famílias Gnaphosidae e Lycosidae. O próximo grupo dominante, os perseguidores, é constituído por aranhas da família Salticidae. As aranhas das famílias Oecobiidae e Pholcidae constituem os membros do grémio dos construtores de teias espaciais. A família Thomisidae pertence ao grémio dos Ambushers.

Tabela 1. Lista das aranhas recolhidas

Sl. No.	Family/Species	Guild structure
	Gnaphosidae Pocock, 1898	
1.	*Gnaphosa* sp.	Ground runners
	Lycosidae Sundevall, 1833	
2.	*Hippasa agelenoides* (Simon, 1884)	Ground runners
3.	*Pardosa birmanica* Simon, 1884	
4.	*Pardosa sumatrana* (Thorell, 1890)	
	Oecobiidae Blackwall, 1862	
5.	*Oecobius putus* O. Pickard-Cambridge, 1876	Space-web builders
	Pholcidae C. L. Koch, 1850	
6.	*Crossopriza lyoni* (Blackwall, 1867)	Space-web builders
	Salticidae Blackwall, 1841	
7.	*Hyllus semicupreus* (Simon, 1885)	Stalkers
8.	*Telamonia dimidiata* (Simon, 1899)	
9.	*Plexippus paykulli* (Audouin, 1826)	
	Thomisidae Sundevall, 1833	
10.	*Thomisus pugilis* Stoliczka, 1869	Ambushers

DISCUSSÃO

Apenas 10 espécies pertencentes a 8 géneros e 4 famílias foram recolhidas no local de estudo. O rio Jojari e as suas instalações estão fortemente poluídos por efluentes industriais. Esta pode ser a razão para este número reduzido de espécies. Vishnoi & Srivastava (2005) recolheram amostras de água de três locais diferentes do rio Jojari e efectuaram estudos hidrobiológicos. Verificaram que o pH, o cloreto, a salinidade, a alcalinidade total, a dureza total, o oxigénio dissolvido e o TDS eram absolutamente superiores aos valores padrão da água portável devido à contaminação do rio por efluentes industriais. Provaram que o rio se tornou inadequado para o crescimento e a sobrevivência da flora e fauna aquáticas. Paetzold et al. 2011 provaram que a redução sustentada das densidades de insectos aquáticos nas zonas poluídas resultou num declínio acentuado da densidade populacional de aranhas de teia e numa alteração da composição da comunidade de aranhas. Quantidades subletais de metais pesados reduzem a sobrevivência, o crescimento e a reprodução das aranhas (Hendrickx et al. 2003). As aranhas podem assimilar os metais pesados presentes nas presas, tornando-os inactivos, armazenando-os em grânulos intracelulares nos divertículos do intestino médio (Van Hook & Yates 1975; Breymeyer & Odum 1969; Hopkin & Martin 1985). Este processo de desintoxicação aumenta a sobrevivência em locais poluídos. Mas Jones & Hopkin 1998 mostraram que este mecanismo de defesa contra a intoxicação por metais é feito à custa da redução do crescimento e da reprodução. Neste estudo, o número de aranhas observadas foi baixo nas instalações do rio Jojari.

RECONHECIMENTO

Os autores estão gratos ao falecido P. Dr. T. M. Jose, CMI, Diretor, Christ College, Irinjalakuda, Kerala, pelo apoio e encorajamento. Agradecemos gostaria também de agradecer a todos os membros do laboratório do CATE pelos valiosos comentários e sugestões.

REFERÊNCIAS

Barrion A.T. & Litsinger J.A. 1995. Rice land spiders of south and Southeast Asia. *Int. Rice Res. Inst.*

Beyer W. & Grube R. 1997. Einfluss des Uber-flutungsregimes auf die epigaische Spinnen-und Laufkaferfauna an Uferabschnitten im Nationalpark 'Unteres Odertal' (Arach.: Araneida, Col.: Carabidae). *Verhandlungen der Gesellschaft fur Okologie* 27, 349-356.

Breymeyer A. & Odum E.P. 1969. Transferência e bioeliminação do marcador 65 Zn durante a predação por aranhas em moscas marcadas. In: Nelson DJ, Evans FC (eds) *Proceedings of the second national symposium on radioecology*, pp 715-720

Casemir H. 1962. Spinnen vom Ufer des Altrheins bei Xanten/Niederrhein. *Gewasser Abwasser* 30/31, 7-35.

Coddington J.A. & H.W. Levi. 1991. Systematics and evolution of spiders (Araneiae). *Ann. Rev. Ecology and Systematics*; 22: 565-592.

Coddington J.A., Young L.H. & Coyle F.A. 1996. Estimating spider species richness in a southern Appalachian cove hardwood forest. *Journal of Arachnology* 24, 111-128.

Framenau V. 1995. Populationsokologie und Ausbreitungsdynamik von Arctosa cinerea (Araneae, Lycosidae) in einer alpinen Wild-flublandschaft. Diplomarbeit am Fach-bereich Biologie der Phillips-Universitat Marburg. *Área de Ciências da Natureza.*

Hendrickx F., Maelfait J.P., & Van Straalen N.M., 2003. Variação reprodutiva adaptativa ao longo de um gradiente de poluição numa aranha-lobo. *Oecologia,* 134(2): 189-194.

Hopkin S.P. & Martin M.H. 1985. Assimilação de zinco, cádmio, chumbo, cobre e ferro pela aranha *Dysdera crocata*, um predador de piolhos da madeira. *Bull Environ Contam Toxicol* 34:183-187.

Jocque R. & Dippenaar-Schoeman A.S. 2006.Spider families of the world.336 pp.

Jones D.T. & Hopkin S.P. 1998. Redução da sobrevivência e do tamanho do corpo do isópode terrestre *Porcellio scaber* num ambiente poluído por metais. *Environ Pollut* 99:215-223.

Paetzold A., Smith M., Warren P.H. e Maltby L. 2011. Impacto ambiental propagado por subsídio entre sistemas: A poluição crónica do riacho controla as populações de aranhas ribeirinhas. *Ecologia, 92*(9): 1711-1716.

Scharff N., Coddington J.A., Griswold C.E., Hormiga G. & BjOrn P.D.P. 2003. Quando desistir? Estimating spider species richness in a northern European deciduous forest. *Journal of Arachnology*, 31(2): 246-273.

Schmitz O.J., Hawlena D. & Trussell G.C, 2010. Predator control of ecosystem nutrient dynamics. *Ecology Letters*, 13(10):1199-1209.

Schenkel E. 1932. Spinnen am Ufer der Untertrave. In: Das linke Untertraveufer, pp. 410-42

Sebastian P.A., Murugesan S., Mathew M.J., Sudhikumar A.V. & Sunish E. 2006. Spiders in Mangalavanam, an ecosensitive mangrove forest in Cochin, Kerala, India (Araneae). *Ata Zool Bulg.* 1:315-318.

Sebestian P.A. & Peter K.V. 2009.Spiders of India.University Press Publication.

Tikader B.K. 1987. Handbook on Indian Spiders. Serviço Zoológico da Índia. 251pp.

Van Hook I. & Yates A.J. 1975. Transient behaviour of cadmium in a grassland arthropod food chain. *Environ Res.* 9:76-83.

Vishnoi S.R. & Srivastava P.N. 2005. Avaliação da poluição sazonal através de estudos hidrobiológicos comparativos no rio Jojari em Salawas, Jodhpur. *Indian Journal of Environmental Sciences,* 9(1):33-34.

Capítulo 11

ESTUDOS SOBRE A DIVERSIDADE DE ARTRÓPODES DO SOLO NUMA FLORESTA TROPICAL DECÍDUA, DISTRITO DE THRISSUR, KERALA

Krishnapriya P.D. e C.F. Binoy*

Departamento de Investigação e Pós-graduação em Zoologia,
St Thomas' College (Autónomo), Thrissur, Kerala
drcfbinoy@gmail.com

RESUMO

Foi estudada a diversidade de artrópodes do solo num habitat de floresta tropical decídua. O estudo foi realizado na floresta de reserva de Marottichal, no distrito de Thrissur, entre junho de 2017 e novembro de 2017. As amostras de artrópodes do solo foram recolhidas e extraídas utilizando o método do funil de Berlese. Foi registado um total de 152 indivíduos pertencentes a 46 espécies, 13 ordens e 3 classes. Arachnida (3 ordens), Diplopoda (1 ordem) e Insecta (9 ordens) são as três classes registadas durante o estudo. As 13 ordens foram Araneae, Pseudoscorpiones, Sarcoptiformes (Classe Arachnida), Polyxenida (Classe Diplopoda), Protura, Diplura, Collembola, Hymenoptera, Ephemeroptera, Isoptera, Homoptera, Diptera e Coleoptera (Classe Insecta). A classe Insecta (70,39%) foi a mais abundante, sendo a ordem Coleoptera (34,21%) a mais representada e a menos encontrada a Isoptera (1,97%). Das 4 ordens de insectos Apterygote, três (Protura, Diplura e Collembola) foram registadas na área de estudo. A abundância e diversidade máximas de artrópodes do solo foram registadas durante a estação das monções (junho - agosto) do que na estação pós-monções (setembro - novembro). A humidade e o teor de humidade diminuíram de junho a novembro na área de estudo, o que correspondeu a uma diminuição da abundância de artrópodes do solo.

Palavras-chave: Artrópodes do solo, diversidade, floresta tropical, distrito de Thrissur, Kerala

INTRODUÇÃO

A fauna do solo pode representar até 23% de todos os organismos descritos, com os artrópodes a representarem 85% desse número (Decaens et al. 2006). Os artrópodes normalmente observados no solo incluem Diplura, Protura, Acari, Collembola (Mandal, 2014). Os artrópodes do solo, geralmente conhecidos como engenheiros do solo, desempenham um papel significativo na função e estabilidade do ecossistema. Os artrópodes do solo são considerados pedras angulares porque a perda das suas funções críticas pode causar desequilíbrios no ecossistema. Convertem as substâncias orgânicas complexas em compostos inorgânicos simples. Também mantêm a estrutura do solo, melhorando a sua porosidade e capacidade de retenção de água. Os artrópodes constituem uma grande proporção da meso e macro fauna do solo, com um comprimento corporal que varia entre 200 micrómetros e 16 centímetros ou mais (Wallwork 1970). Os artrópodes do solo desempenham um papel importante na fertilidade do solo. Podem ser utilizados como indicadores para avaliar a saúde e a qualidade do solo, pois estão diretamente envolvidos nas funções do solo. São também responsáveis pela ciclagem de nutrientes, formação do solo, degradação de produtos químicos nocivos e resíduos (Gonçalves e Pereira, 2012).

Embora os artrópodes do solo estejam distribuídos por todo o mundo, são relativamente pouco estudados. Em Kerala, os estudos anteriores sobre artrópodes do solo são relativamente menos numerosos (Prabhoo e Pai, 1986; Bini et al, 2016; Lakshmi e Ammini, 2016). O presente estudo foi realizado num habitat florestal do distrito de Thrissur, em Kerala.

METODOLOGIA

Área de estudo: O estudo foi efectuado na floresta de Marotticha1 dos Ghats Ocidentais, localizada a cerca de 22 km da cidade de Thrissur. O estudo foi realizado de junho de 2017 a novembro de 2017.

Foram recolhidas amostras de solo de 10 parcelas diferentes, aleatoriamente, uma vez por mês, durante 6 meses. A hora de recolha foi entre as 9 e as 11 horas da manhã. As amostras foram colhidas em covas de volume 10×10×10 cm com uma espátula. Foram colhidas amostras separadas para a estimativa do pH, do teor de humidade, do carbono orgânico, etc. As amostras recolhidas foram imediatamente transferidas para sacos de polietileno. As amostras etiquetadas foram levadas para o laboratório para extração no prazo de 24 horas após a sua recolha. A temperatura e a humidade foram medidas com um higrotermómetro. A humidade e o pH do solo foram registados utilizando métodos adequados. O valor do carbono orgânico do solo foi calculado utilizando o protocolo fornecido por Sheldrick e Wang (1993).

A extração das amostras de solo foi efectuada com um aparelho de funil Berlese modificado por Macfadyen (1953) com uma lâmpada de 40 watts para fornecer calor e luz e mantida durante 24 horas. As amostras de solo recolhidas foram conservadas em álcool a 70% e identificadas ao microscópio, tendo sido tiradas fotografias com um microscópio estereoscópico. Alguns espécimes foram identificados com base na literatura e com a ajuda de especialistas.

Análise dos dados: Os dados recolhidos foram computados e várias medidas de diversidade foram calculadas utilizando software informático.

RESULTADOS E DISCUSSÃO

Foi registado um total de 152 indivíduos pertencentes a 46 espécies, 13 ordens e 3 classes. Arachnida (3 ordens), Diplopoda (1 ordem) e Insecta (9 ordens) são as três classes registadas durante o estudo. As 13 ordens foram Araneae, Pseudoscorpiones, Sarcoptiformes (Classe Arachnida), Polyxenida (Classe Diplopoda), Protura, Diplura, Collembola, Hymenoptera, Ephemeroptera, Isoptera, Homoptera, Diptera e Coleoptera (Classe Insecta). A maioria das espécies registadas pertencia à classe Insecta (70,39%), Arachnida (25%) e Diplopoda (4%). Entre os insectos, os mais abundantes foram os Coleoptera (34,21%) e os menos abundantes os Isoptera (1,97%).

A curva de acumulação de espécies indicou que o número de espécies aumentou em cada mês, o que significa que há ainda um maior número de espécies por descobrir na área de estudo (Fig. 1). A abundância e a diversidade das espécies diminuíram de junho a novembro. Foram registados 33 indivíduos em junho e apenas 18 em novembro (Fig. 2).

Foram registados 40,13% de insectos durante a estação das monções (junho - agosto) e 30,26% de insectos durante a estação pós-monções (setembro - novembro). Em geral, foram registadas mais espécies de artrópodes do solo durante a estação das monções (junho - agosto) do que na estação pós-monções (setembro - novembro) (Fig. 3).

Estudos de correlação: Parâmetros do solo como pH, carbono orgânico (%), humidade (%), humidade relativa (%) e temperatura (° C) foram registados durante cada mês. A temperatura do solo mostrou uma forte correlação inversa (0,88047) com a abundância de espécies, enquanto a humidade do solo (0,9505) e a humidade (0,9474) mostraram uma relação positiva significativa.

Figura 1. Curva de acumulação de espécies de artrópodes do solo na área de estudo

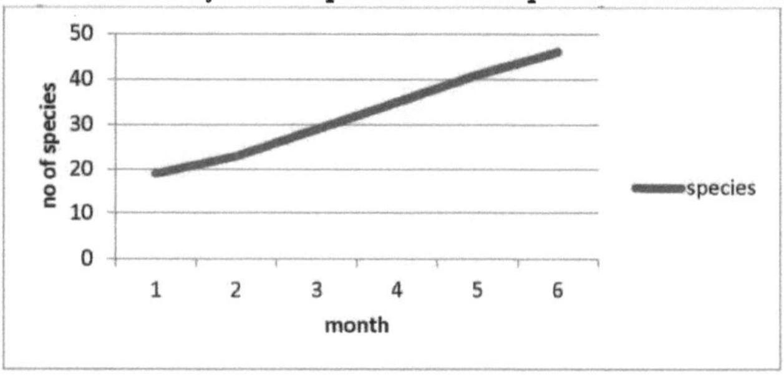

Figura 2. Riqueza e abundância de artrópodes do solo em cada mês

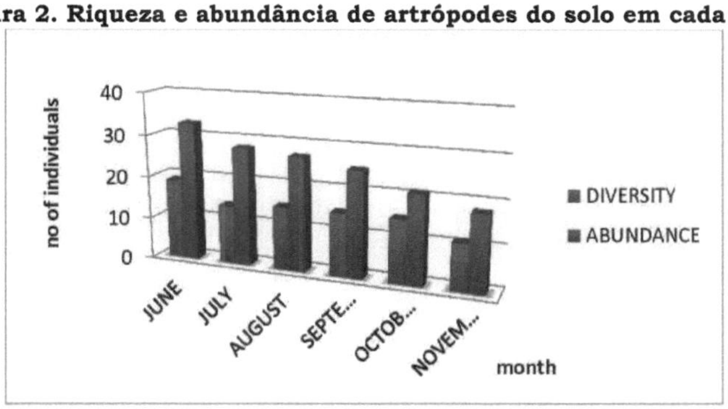

Figura 3. Abundância de artrópodes do solo durante a estação das monções e pós-monções

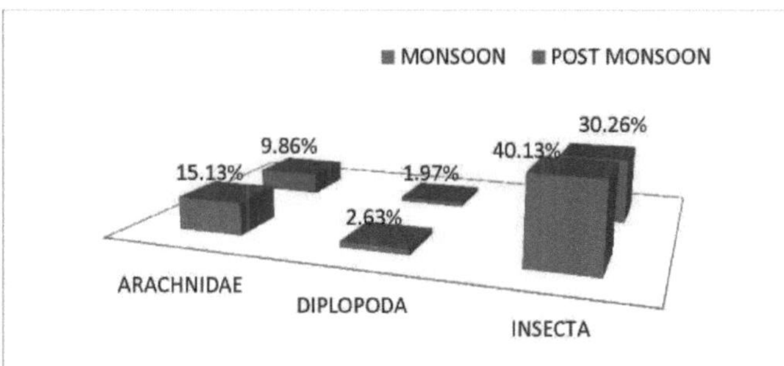

Índice de diversidade: Os índices de diversidade foram calculados para cada mês. A diversidade de artrópodes do solo foi maior em junho na área de estudo. O índice de diversidade de Shannon-Weiner para os artrópodes do solo foi maior em junho (2,9) e menor em novembro (2,35). Os outros índices de diversidade também mostraram o mesmo padrão.

Tabela 1. Índices de diversidade de espécies de artrópodes do solo no local de estudo

Diversity	June	July	August	September	October	November	Total
No. of species	19	14	15	15	15	11	46
Individuals	33	28	27	25	21	18	152
Simpson_1-D	0.897	0.862	0.874	0.79	0.838	0.843	0.8292
Shannon_H	2.9	2.59	2.66	2.63	2.7	2.35	1.779
Margalef	5.14	3.9	4.24	4.34	4.59	3.45	0.9952
Evenness	0.889	0.807	0.886	0.595	0.686	0.843	0.9046

RECONHECIMENTO

Agradecimentos sinceros ao KSCSTE pelo apoio ao projeto dos estudantes. Agradecemos também ao Diretor, à Direção e aos Professores do St. Thomas' College (Autónomo), Thrissur, Kerala.

REFERÊNCIAS

Bini B., M.G. Sanal Kumar & P. Vinod 2016. Estudos sobre variações sazonais no padrão de diversidade de artrópodes do solo. *Int. J. Sci. Res.* 6(1):23-31.

Dhrubhajyothi P., Ashiskumar H. & Goutham K.S. 2007. Diversidade e distribuição das comunidades de artrópodes do solo em relação à altitude e aos factores edáficos de diferentes ambientes altitudinais dos Himalaias de Darjeeling, Índia. *ZSI*: 43-59.

Lakshmi G. & Ammini J. 2016. Microartrópodes do solo como indicadores da qualidade do solo de hortas domésticas tropicais em uma vila em Kerala, Índia. *Sistemas Agroflorestais.* 90.2.

Gonçalves M. F. & Pereira J.A. 2012. Abundância e diversidade de artrópodes do solo no ecossistema do olival. *Revista de Ciência dos Insectos, 12*(20):1-14.

Mandal J.P. 2014. Diversidade da fauna de microartrópodes do solo no Santuário de Vida Selvagem de Sanjekhali, Sunderbans, *fórum biológico de Bengala Ocidental.* 6(2):213-217.

Macfadyen A. 1953. Notes on Methods for the Extraction of Small Soil Arthropods. *Journal of Animal Ecology. 22*(1):65-77.

Prabhoo N.R. & Pai C.G.A. 1986. Changes in the soil fauna consequent to fire in the forest floor a case study in the Western Ghats of Kerala. In: K.S.S. Nair R. Gangadharan e S. Kedharnadh (Eds.) *Eco development of Western Ghats. Instituto de Investigação Florestal de Kerala,* pp 233-237

Wallwork J.A. 1970. Biology of soil animals. *McGraw Hill Publisher,* Londres 2883pp.

Capítulo 12

ANÁLISE MICROBIANA DO INTESTINO DE LARVAS DE *AEDES AEGYPTI*

Lekshmi Jayakrishnan[1,2*] **Aneesh Embalil Mathachan**[1] **e Ambalaparambil Vasu Sudhikumar**[2]

[1]Laboratório de Investigação de Doenças Transmissíveis, Departamento de Zoologia, St. Joseph's College, Irinjalakuda, Kerala

[2]Departamento de Zoologia, Christ College, Irinjalakuda, Kerala

**lekshmijayakrishnan08@gmail.com*

RESUMO

O intestino das larvas de mosquito continua a ser um ecossistema que alberga uma vasta gama de micróbios. Estes micróbios desempenham um papel significativo na nutrição, crescimento, reprodução e competência vetorial dos mosquitos. A alimentação do hospedeiro e as condições ambientais prevalecentes são parâmetros importantes que moldam o bioma intestinal. A comunidade microbiana intestinal é dominada principalmente por espécies bacterianas. Também alberga populações virais e fúngicas. A presença de bactérias gram positivas e gram negativas tem um papel potencial na transmissão de doenças. *O Aedes aegypti,* o vírus flavi vetor de muitas doenças como o vírus da dengue, o vírus Zika, o vírus da febre amarela e o vírus Chikungunya, chama especialmente a atenção a este respeito. A falta de vacinação no homem e a resistência dos mosquitos aos insecticidas conduzem ao aumento das doenças transmitidas por mosquitos. Estão a ser utilizadas várias estratégias de controlo para controlar estas doenças transmitidas por vectores. Uma melhor compreensão da comunidade microbiana intestinal e da sua relação com o hospedeiro pode ser explorada como medida eficaz para controlar estes mosquitos vectores. Esta abordagem pode reduzir os efeitos adversos de muitos insecticidas em espécies não visadas, incluindo os seres humanos e o ambiente, bem como o desenvolvimento de resistência dos mosquitos aos insecticidas.

Palavras-chave: Diversidade, micróbios, análise intestinal, mosquito

INTRODUÇÃO

Os mosquitos são insectos holometábolos com quatro fases diferentes, desde o ovo até ao adulto, passando por duas fases intermédias, a fase larvar e a fase de pupa, respetivamente. Entre elas, a fase larvar é a forma ativa do seu ciclo de vida. Durante a fase larvar, a alimentação depende das condições ambientais prevalecentes no seu habitat. Estudos recentes de Mang et al., 2017, indicam que o microbiota intestinal da larva tem um impacto na transmissão de doenças. O conteúdo microbiano do *Aedes aegypti* atrai uma atenção especial a este respeito, uma vez que continua a ser o vetor de muitas doenças arbovirais temidas, como a dengue, a febre amarela, o vírus Zika e o vírus Chikungunya. Este vetor é predominante nas zonas urbanas da Índia. A presença de pneus não degradáveis, de plásticos de longa duração e de uma gestão inadequada das águas residuais cria um local ideal para a reprodução destes mosquitos. A população de *Aedes aegypti* varia com a precipitação e a humidade. O ciclo de vida pode ser classificado em duas fases: uma fase aquática (ovo, larva e pupa) e uma fase terrestre com uma forma adulta aérea. Em condições óptimas, o ciclo de vida da fase aquática do *Aedes aegypti* (da eclosão à emergência do adulto) pode ser tão curto como sete dias. A baixas temperaturas, a emergência do adulto pode demorar várias semanas. Durante a estação das chuvas, como a sobrevivência é mais longa, o risco de transmissão do vírus é maior.

RESULTADO

Histologia do intestino médio das larvas

A estrutura básica do sistema digestivo é semelhante em todos os insectos, com ligeiras modificações para adaptar o respetivo comportamento alimentar (Wang et al. 2011). Nos mosquitos, um sistema digestivo proeminente começou a aparecer a partir da fase larvar. O trato digestivo está dividido em três regiões: intestino anterior, intestino médio e intestino posterior. Entre estas regiões, o intestino médio desempenha um papel vital no processo digestivo. O intestino médio das larvas de mosquito divide-se em quatro regiões. Na região do tórax encontra-se a cárdia, seguida de oito extensões globulares ovadas do intestino médio, denominadas cecos gástricos. O "estômago" estende-se pelo abdómen desde os cecos gástricos até ao intestino grosso e divide-se em regiões histologicamente distintas, anterior e posterior (Clements, 1992). Estudos efectuados por Thomas et al., 1999, revelaram a diferença entre a região anterior e a região posterior através do aparecimento e do maior diâmetro do estômago posterior em relação ao estômago anterior e da presença de túbulos de Malpighi ou de cecos gástricos em ambas as extremidades do intestino médio.

Influência dos micróbios e da existência de larvas

As comunidades microbianas eram partes indispensáveis da vida larvar. A presença microbiana inata foi encontrada principalmente na região intestinal, nas glândulas salivares, nos órgãos reprodutores e na hemolinfa dos adultos. Além disso, a água de reprodução também contribui para estas colónias microbianas. Os micróbios intestinais eram principalmente dominados por bactérias, seguidas de fungos e vírus.

Karima Zouache e colaboradores, 2010, exploraram a composição e a diversidade das bactérias associadas aos mosquitos em relação com os habitats dos mosquitos de diferentes regiões geográficas de Madagáscar em *Aedes aegypti* e *Aedes albopictus* selvagens, utilizando o método de cultura tradicional e a eletroforese em gel de gradiente desnaturante (DGGE) e a sequenciação de amplicões rrs. Este estudo destacou a variação na abundância relativa e na composição das bactérias associadas aos mosquitos durante as fases de desenvolvimento. Para conhecer a influência do microrganismo externo no micróbio intestinal interno, as análises foram efectuadas em populações criadas em laboratório e em populações selvagens. O intestino do *Aedes* selvagem tem geralmente um perfil bacteriano constituído por *Serratia marcescens*, *Klebsiella*, *Ozaenae*, *Pseudomonas aeruginosa*, *Enterobacter* spp, *Proteobacteria*, *Flavobacteriaceae*, consoante as fases de desenvolvimento. De facto, foi demonstrado que *os Aedes triseriatus* capturados no campo abrigam uma maior diversidade bacteriana do que os criados em laboratório (Rani et al. 2009).

Na Índia, as tentativas de estudar a microflora do intestino médio têm-se concentrado principalmente em dois géneros de mosquitos, *Culex* e *Anopheles*, que actuam como vectores da encefalite japonesa, da filariose e da malária (Chandel et al., 2015; Pai et al., 2014). Apesar de ser o principal vetor da dengue, são raros os estudos sobre a diversidade microbiana do intestino médio em diferentes espécies de mosquitos *Aedes*, especialmente na Índia. Assim, uma dessas tentativas de caraterizar o género

Aedes foi realizada no microbiota do intestino médio de *Aedes aegypti* e *Aedes albopictus* de Arunachal Pradesh. Este estudo centrou-se na caraterização de bactérias aeróbias dependentes de cultura do intestino médio de ambas as espécies de mosquitos *Aedes*, uma vez que as bactérias cultiváveis só podem ser utilizadas para outras aplicações na gestão da transmissão de doenças, como a paratrangenesia. Os resultados revelaram um máximo de espécies bacterianas da família das Enterobacteriaceae gram-negativas e da família das Bacillaceae gram-positivas. Este estudo também sugere que as bactérias do intestino médio dos mosquitos são herdadas principalmente por herança vertical ou por aquisição a partir do ambiente. A presença deste microbiota intestinal é essencial para a manutenção de um equilíbrio ótimo para a existência. Esta descoberta é importante, uma vez que foram realizados vários estudos e que se verificou que esta espécie de Enterobacter bloqueia o desenvolvimento de *Plasmodium falciparum* em *Anopheles gambiae* e o desenvolvimento esporogónico de *Plasmodium vivax* em *Anopheles albimanus* (Cirimotich et al., 2011; Gonazalez et al., 2003) através da indução da resposta imunitária.

O micobioma das larvas revela simbiose, comensalismo e parasitismo no corpo do vetor. A maior parte deles reside na região do intestino médio e alguns residem no intestino grosso. Os fungos filamentosos e as leveduras são os isolados fúngicos comuns normalmente presentes no intestino médio e noutros tecidos dos mosquitos. Os fungos filamentosos incluem algumas espécies de *Aspergillus* e *Pencillium* como formas patogénicas e alguns géneros de fungos como *Beauveria* e *Metarhizium* como formas entomopatogénicas. Foram identificados diferentes géneros de leveduras como *Candida, Pichia* e *Wickerhamomyces* em mosquitos *Aedes* e *Anopheles* através de métodos dependentes e independentes da cultura. A investigação anterior sobre a micodiversidade dos mosquitos baseou-se nestes tipos de métodos dependentes da cultura (Gusmão et al., 2010). Os mosquitos actuam como hospedeiros exclusivos de um grande grupo de vírus que são específicos dos insectos (Bolling et al., 2015). A abordagem metagenómica foi utilizada para avaliar a carga viral por (Mang et al., 2017) em dois géneros de mosquitos *Aedes* e *Culex*. A comparação apresentou uma diferença marcante no viroma dos mosquitos, em que o género *Aedes* representa uma baixa diversidade viral e menor abundância do que o *Culex*.

DISCUSSÃO

As Doenças Transmitidas por Vectores (DTV) estão a propagar-se a um ritmo alarmante. São responsáveis pela morbilidade e mortalidade dos seres humanos a nível mundial. As estratégias de controlo tradicionais fizeram grandes progressos no controlo da malária, mas a incidência de doenças arbovirais está a aumentar. A resistência dos vectores aos insecticidas e a falta de vacinação nos seres humanos são as duas razões importantes para esta pandemia (Naqqash et al., 2016). Assim, a necessidade de novas estratégias de controlo é essencial para controlar os agentes patogénicos emergentes e reemergentes. A este respeito, a intervenção de base microbiana está a ganhar a devida importância como um novo remédio para controlar a VBD. A técnica da paratransgénese é utilizada para eliminar o agente patogénico do vetor através da transgénese do simbionte do vetor. Este simbionte vetorial é herdado maternalmente ou por coprofagia numa população de insectos. (Irene Ricci et al., 2012). Esta abordagem pode reduzir os efeitos adversos de muitos insecticidas em espécies não visadas, incluindo os seres humanos, o ambiente, a contaminação do solo e da água e o desenvolvimento de resistência dos mosquitos aos insecticidas (Dorta et al., 1993). A utilização de fungos entomopatogénicos como novos agentes de controlo biológico de mosquitos adultos parece promissora em laboratório e em condições de campo simuladas.

CONCLUSÃO

O intestino do mosquito é habitado por um grande número de micróbios. A compreensão da relação simbiótica entre o microbioma intestinal e o mosquito hospedeiro facilitará talvez novas estratégias de intervenção para o controlo dos mosquitos vectores, como medida preventiva da transmissão de doenças. Novas abordagens, como a técnica da paratransgénese e a utilização de fungos entomopatogénicos, estão agora a ser utilizadas neste contexto.

RECONHECIMENTO

Os autores agradecem ao Diretor do St. Joseph's College pelas instalações laboratoriais disponibilizadas. Agradecemos à Comissão de Bolsas Universitárias, Nova Deli, pela atribuição de fundos ao abrigo do Prémio de Investigação UGC.

REFERÊNCIAS

Bolling B.G., Weaver S.C., Tesh R.B. & Vasilakis N. 2015. Descoberta de vírus específicos de insetos: significado para a comunidade de arbovírus. *Vírus* 7:4911-4928.

Chandel K., Parikh R.Y., Mendki M.J., Shouche Y.S. & Veer V. 2015. Isolamento e caraterização de Vagococcus sp do intestino médio do *mosquito Culex quinquefasciatus* (say) *Journal of Vetor Borne Diseases* 52(1):52-57.

Christophers S.R. 1960. *Aedes aegypti* (L.): The yellow fever mosquito, its life history, bionomics and structure. Cambridge University Press.

Clements A. N. 1992. The Biology of Mosquitoes, vol. I, Development, Nutrition and Reproduction. London: Chapman & Hall.

Dorta D.M., Vasuki V. & Rajavel A. 1993. Avaliação de insecticidas organofosforados e piretróides sintéticos contra seis espécies de mosquitos vectores. *Revista Saude Publica.* 27:391-397.

Gonzalez-Ceron L., Santillan F. & Rodriguez M.H. 2003. Bactérias nas entranhas de *Anopheles albimanus* recolhidos no campo bloqueiam o desenvolvimento esporogónico *de Plasmodium vivax. Journal of Medical Entomology* 40:371-374.

Gusmão D. S., Santos A.V., Marini D.C., Bacci M., Berbert M.A. & Lemos F.J.A. 2010. Caracterização dependente e independente de cultura de microrganismos associados a *Aedes aegypti* (Diptera: Culicidae) (L.) e dinâmica da colonização bacteriana no intestino médio. *Ata tropica* 115:275-281.

Irene R., Matteo V., Ulisse U., Sara E., Alessia C. & Guido F. 2012. Controlo simbiótico de doenças transmitidas por mosquitos Patógenos e Saúde Global (6): 51.

Karima Z., Fara N.R., Vincent R., Van T.L., Harivelo R.R., Pierre R. & Patrick M. 2011. Diversidade bacteriana de mosquitos capturados no campo, *Aedes albopictus* e *Aedes aegypti. Microbial Ecology.* 75(3):377-389.

Mang S., Peter N., Jay N., John S.E. & Edward C.H. 2017. A meta-transcriptômica de alta resolução revela a dinâmica ecológica dos vírus de RNA associados a mosquitos na Austrália Ocidental. *Jornal de Virologia*: 17.

Naqqash M.N., Gokçe A., Bakhsh A. & Salim M. 2016. Resistência a inseticidas e sua base molecular em pragas de insetos urbanos. *Pesquisa em Parasitologia* 115: 1363-73.

Thomas M.C. Alan K. & David F.M. 1999. As regiões anterior e posterior do "estômago" do intestino médio das larvas *de Aedes aegypti*: especialização regional do transporte e estimulação de iões. *The Journal of Experimental Biology* 202:247-252.

Wang Y., Gilbreath T.M., Kukutla P., Yan G. & Xu J. 2011. Microbioma intestinal dinâmico ao longo da história de vida do mosquito da maláriaAnopheles *gambiae*. *PLOS One* 2011:6.

Capítulo 13

ESTUDO DO COMPORTAMENTO MELANÓFORO DE UM PEIXE EXÓTICO E ENDÉMICO

Maneesha C.M. e Joyce José

Departamento de Investigação e Pós-graduação em Zoologia,
St. Thomas' College (Autónomo), Thrissur-1, Kerala

RESUMO

As colorações dos peixes são produzidas por pigmentos contidos em células chamadas cromatóforos, que se encontram na derme, na epiderme e nas escamas que cobrem a pele. A dispersão do pigmento no interior dos cromatóforos aumenta a pigmentação do corpo e a agregação do pigmento reduz a pigmentação. As cinco disposições diferentes do pigmento são as fases punctuada, puncto-estrelada, estrelada, estelo-reticulada e reticulada. A fase punctuada mostra a condição de agregação máxima e a fase reticulada mostra a dispersão máxima do pigmento. A agregação e a dispersão dos pigmentos são, por sua vez, afectadas por diferentes factores ambientais e fisiológicos. Assim, a pigmentação e as mudanças de cor nos peixes podem ser potencialmente utilizadas como uma ferramenta para compreender se a água é óptima para a espécie ou não, através do exame adequado de uma única escala dos peixes selecionados. Neste contexto, o objetivo deste estudo foi observar a resposta dos melanóforos de peixes selecionados. *Dawkinsia filamentosa* (endémica) *Oreochromis niloticus* (exótica/introduzida) a diferentes concentrações de um agregador e dispersor de pigmentos. A adição de NaCl em concentrações sucessivas mostrou uma agregação gradual dos melanóforos e a adição de KCl mostra um aumento da dispersão dos pigmentos, o que resulta numa diminuição e num aumento da coloração, respetivamente. Não foram efectuados estudos de melanóforos nestas espécies anteriormente.

Palavras-chave: Melanóforo, agregador, dispersor, *Dawkinsia filamentosa, Oreochromis niloticus*

INTRODUÇÃO

Os cromatóforos são as células que contêm pigmentos nas camadas mais profundas da pele dos animais. Encontram-se principalmente em crustáceos, insectos, peixes, cefalópodes e muitos anfíbios. Os cromatóforos dos peixes encontram-se distribuídos pela derme, epiderme, escamas, etc. Com base na cor do pigmento, os cromatóforos podem ser diferenciados em melanóforos, eritróforos, xantóforos e leucóforos, que representam, respetivamente, as cores preta, vermelha, amarela e branca. Permitem a exibição nítida dos biocromos, dispersando-os na camada dérmica externa ou ocultando-os, concentrando-os em áreas mais pequenas. Os cromatóforos dos peixes ósseos são controlados pelo sistema nervoso autónomo e os dos peixes elasmobrácicos são controlados por hormonas e nervos.

Quanto mais dispersos estiverem os pigmentos, maior será a pigmentação e quanto mais agregados estiverem os pigmentos, maior será a transparência da pele. Os pigmentos são vistos em cinco fases diferentes com base na sua exibição de biocromos. São eles: pontuado, pontuado-estrelado, estrelado, estrelado-retículo e reticulado (Figura 1). Neste, o estágio punctuado mostra a condição agregada máxima e o estágio reticulado mostra a dispersão máxima do pigmento. Todas as outras fases são intermédias entre o máximo de agregação e dispersão.

Os factores fisiológicos e ambientais desempenham um papel significativo nas mudanças de cor. A qualidade da água constitui um fator importante. Existe uma relação direta entre a qualidade da água e a cor dos peixes. Assim, a pigmentação e as mudanças de cor nos peixes podem ser usadas como uma ferramenta para compreender se a água está poluída ou não. Se esta correlação for tida em conta de forma correta, a qualidade da água pode ser testada através do exame adequado de uma única escala dos peixes selecionados do meio aquático (Diwedi e Banerjee 2015)

O comportamento melanóforo dos peixes varia consoante as espécies. A cor dos peixes constitui um fator importante na identificação morfológica dos peixes. Mesmo pequenas alterações na cor podem influenciar e confundir a identificação por um não especialista. Taxonomicamente, este estudo é significativo na medida em que ajudará a documentar as mudanças de cor de uma determinada espécie de peixe num determinado meio aquático, comparando o efeito e a quantidade de um determinado agregador/dispersor de pigmentos (Novales 1962, Fujjii e Novales 1969).

Vários estudos demonstraram as afirmações anteriores (Agrawal 2016, Reshma e Jose 2016, Patil e Jain 1993, Sreevasthava e Ovais 2002, Varghese et al 2012)

Neste contexto, o objetivo do estudo é observar as alterações dos melanóforos em *Dawkinsia filamentosa* (endémica) e *Oreochromis niloticus* (exótica/introduzida) em diferentes concentrações do conhecido agregador de pigmentos Cloreto de sódio (NaCl) e do dispersor de pigmentos Cloreto de potássio (KCl).

ORGANISMOS DE ESTUDO

Os estudos de melanóforos foram efectuados em duas espécies de peixes *Dawkinsia filamentosa* (Actinopterygii, Cypriniformes, Cyprinidae, Barbinae), que é um peixe endémico comum com ampla distribuição, e *Oreochromis niloticus*, um peixe introduzido com muito sucesso. *Dawkinsia filamentosa*, um peixe endémico do sul da Índia, foi anteriormente incluído no género *Puntius* (Pethiyagoda 2005). Trata-se de uma espécie de barbo com manchas negras caraterísticas, vulgarmente conhecido por barbo filamentoso ou barbo de manchas negras *Oreochromis niloticus* (Actinopterygii, Perciformes, Cichlidae) é uma espécie de tilápia, um peixe ciclídeo exótico, com elevado valor económico, amplamente introduzido na aquicultura com muitas estirpes diferentes fora da sua área de distribuição natural. Apresentam riscas verticais distintas ao longo do corpo até ao bordo inferior da espinha caudal. É o ciclídeo mais comummente cultivado.

METODOLOGIA

Os peixes saudáveis e maduros foram trazidos para o laboratório em estado vivo e foram colocados em aquários de vidro transparente, mantendo-se as condições foto-periódicas. Com uma pinça, arrancou-se uma escama da região antero-dorsal do tronco do peixe vivo. Em seguida, foi montada numa lâmina com uma gota de água fresca e mantida ao microscópio para observação. Para a microobservação e a fotografia, utilizou-se o microscópio Leica S8APO e a câmara HD LEICA MC170. Foi contado o número de melanóforos pertencentes a cada fase. Este valor foi considerado como normal (controlo). O mesmo procedimento foi repetido utilizando diferentes concentrações (variando entre 0,1 e 2) de NaCl (agregador) e KCl (dispersor) e as alterações foram observadas e comparadas com o controlo.

RESULTADOS

Em ambos os organismos estudados, os melanóforos mostraram uma agregação máxima com o aumento das concentrações de NaCl. Com o aumento das concentrações de KCl, os melanóforos mostraram maior dispersão. Verificou-se que, embora tenha havido um aumento constante e acentuado da fase pontuada em *Dawkinsia filamentosa* quando tratada com concentrações crescentes de NaCl, no caso de *Oreochromis niloticus* a mudança foi muito gradual (Figura 2 e 4). Quando tratada com diferentes concentrações de KCl, *a Dawkinsia filamentosa* voltou a apresentar uma resposta marcada no aumento das percentagens da fase reticulada e na diminuição da percentagem da fase punctuada (figura 3). Enquanto a agregação devida ao NaCl continuou a aumentar, a dispersão devida ao KCl atingiu um patamar estável na concentração de 0,5%, após o que não se registaram grandes alterações no número de cromatóforos em cada fase.

O efeito das diferentes concentrações de KCl foi menos dramático em *Oreochromis niloticus*. Neste caso, a dispersão foi gradual e, nas concentrações mais baixas de KCl, não se registou um grande aumento do número de peixes contados na fase reticulada. Com o aumento da concentração de KCl, o número de indivíduos nas fases intermédias de dispersão aumentou. A 2% de concentração de KCl, 37% dos pigmentos estavam na fase reticulada ou na fase de dispersão máxima (Figura 5).

CONCLUSÃO

Como esperado, os melanóforos das diferentes espécies de peixes responderam de forma diferente ao NaCl (agregador) e ao KCl (dispersor). Embora ambas as espécies tenham respondido de forma semelhante, as mudanças de cor em *Dawkinsia filamentosa* foram repentinas e mais visíveis quando comparadas com *Oreochromis niloticus.*

REFERÊNCIAS

Agrawal S. 2016. Regulação neural e hormonal dos melanóforos em peixes, *Puntius species* (Ham.) melanophores, *IJFAS.*Vol4 (5):574-580.

Dwivedi B. & Banerjee S. 2015. Certain critical observations on melanophores as biomarker of water pollution. *Questões sociais e problemas ambientais.* 1-5.

Fujii R. & Novales R.R. 1969. Cellular Aspects of the Control of Physiological Color Changes in Fishes, *Am. Zoologist.* 9: 453-463.

Novales R.R. 1962. O papel dos factores iónicos na ação das hormonas no melanóforo dos vertebrados, *Am. Zoologist.* 337:3522.

Patil S. & Jain A.K. 1993 Role of calcium in melanosome aggregation within *Labeo* Melanophores, *J. Biosci.*, 18; 1, 83-91.

Pethiyagoda R. 2005. A review of the barbs of *the Puntius filamentosus* group of Southern India and Srilanka, *Raffles Bulletin of Zoology,*,127-144.

Reshma S. & Jose J. 2016. Effect of NaCl, KCl, epinephrine and vitamin A, B and C on melanophore indexes of *Anabas testudinues* (Bloch) and *Channa striata* (Bloch), Scientia ,Vol. 12(01),74-79.

Sreevasthava S. K. & M. Ovais. 2002. Resposta de melanóforos isolados de uma carpa de água doce, *IJEB.* 40(01): 74-77.

Varghese T., Ebeneezar S., Sreekanth G. B. & Mishal P. 2012. Para a Pigmentação dos Peixes: Uma Perspetiva Fisiológica, IJSR vol.3 (12), 1053-1057.

Figura 1. Diferentes fases de agregação e dispersão de pigmentos

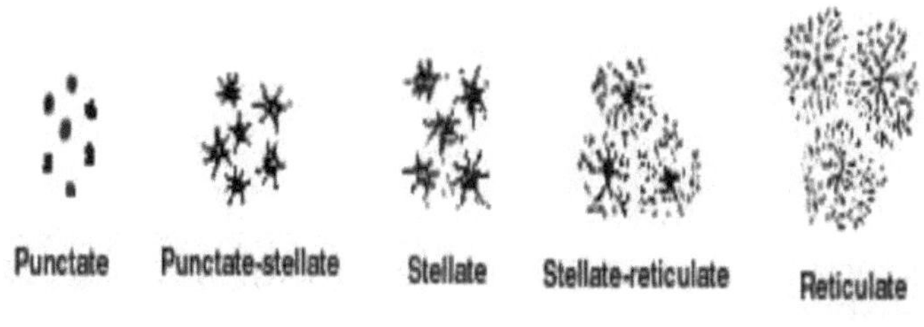

Figura 2. *Dawkinsia filamentosa* tratada com concentrações de NaCl

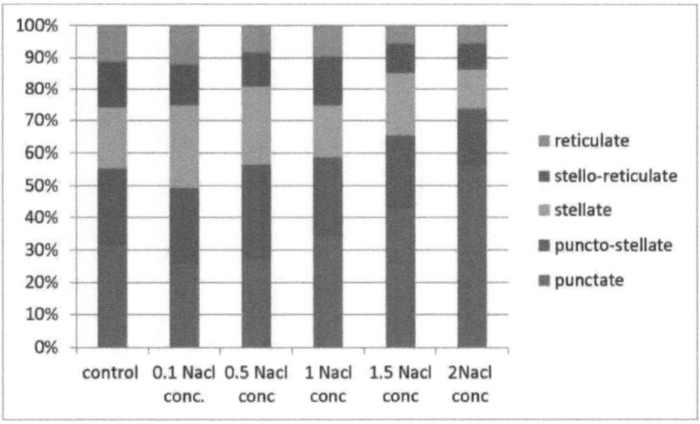

Figura 3. *Dawkinsia filamentosa* tratada com concentrações de KCl

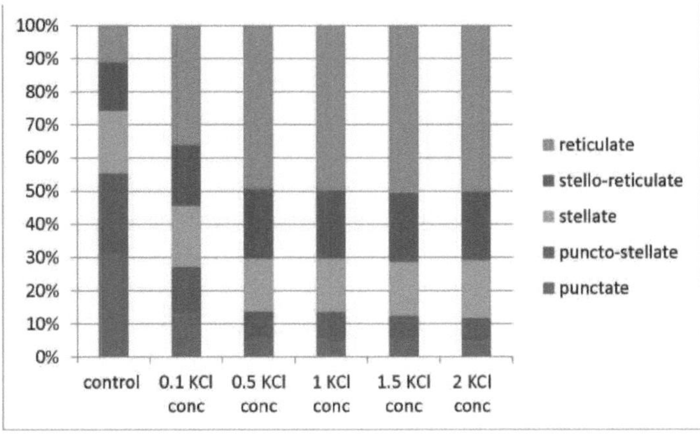

Figura 4. ***Oreochromis niloticus*** **tratado com concentrações de NaCl**

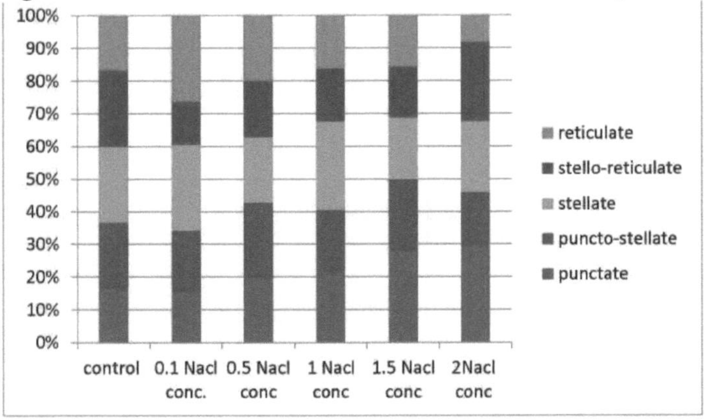

Figura 5. ***Oreochromis niloticus*** **tratado com concentrações de KCl**

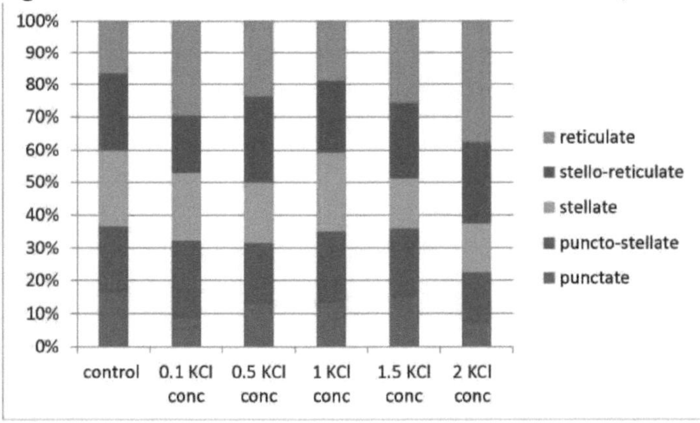

Capítulo 14

EFEITO DA VEGETAÇÃO MARGINAL NA DIVERSIDADE E ESTRUTURA DA COMUNIDADE DE ARANHAS DOS ARROZAIS (ARACHNIDA: ARANEAE) DAS ZONAS HÚMIDAS DE MURIYAD KOL, KERALA

Nafin K.S.,* Sudhin P.P. e Sudhikumar A.V.

Centro de Taxonomia e Ecologia Animal, Departamento de Zoologia, Christ College, Irinjalakuda, Kerala - 680125

**nafinks5@gmail.com*

RESUMO

As aranhas estão entre os predadores mais comuns nas paisagens agrícolas dos arrozais. Foi demonstrado que elevados graus de heterogeneidade na paisagem circundante têm um efeito positivo na abundância de aranhas e na riqueza de espécies em terras aráveis. O presente estudo foi concebido para avaliar os efeitos da vegetação marginal/arredondada na diversidade e na estrutura da comunidade de aranhas no ecossistema dos arrozais. Para o efeito, foram selecionadas cinco parcelas de arrozais, com diferentes graus de estrutura de vegetação à volta das parcelas, nas zonas húmidas de Muriyad Kol, Thrissur. Foram comparadas a abundância média, a riqueza e a diversidade de aranhas entre as parcelas. Os resultados sugerem uma diferença significativa na abundância média, na riqueza e na diversidade estimada de Shannon entre os locais próximos da orla e a >25 m da orla do arrozal. No entanto, a estrutura da comunidade não diferiu significativamente entre os campos.

Palavras-chave: Aracnologia, ecologia, sítio Ramsar

INTRODUÇÃO

As aranhas desempenham um papel muito importante nos ecossistemas terrestres, tanto como grandes predadores como presas de uma vasta gama de organismos. São os mestres da natureza na criação de teias de seda e predadores altamente competentes, uma vez que, na sua ausência, o mundo dos insectos-praga ficaria desorganizado, criando uma devastação em todo o equilíbrio dos seus ecossistemas, o que constituiria uma séria ameaça para a saúde humana e para os recursos alimentares. As aranhas são artrópodes extremamente predadores e têm um papel importante no seu habitat no controlo das populações de insectos. A paisagem agrícola dos campos de arroz irrigado e os seus ambientes circundantes têm uma elevada biodiversidade de artrópodes inerente, que se manifesta de forma proeminente nas teias alimentares de artrópodes, dos quais as aranhas se encontram entre os predadores mais comuns (Barrion & Litsinger, 1984 & 1995, Okuma et al. 1993). A importância das aranhas na regulação das pragas de insectos do arroz é reconhecida e estudada há muito tempo na Índia. A comunidade e a estrutura da vegetação também influenciam a composição da comunidade e a diversidade das assembleias de artrópodes (Ysnel et al. 1996). O crescimento de ervas daninhas nos campos de arroz propriamente ditos e nos feixes circundantes acrescenta outra dimensão a este ecossistema dominado pela monocultura (Edirisinghe & Bambaradeniya, 2006). O presente estudo investiga o efeito da vegetação marginal ou circundante na abundância, diversidade e estrutura da comunidade de aranhas nos arrozais das zonas húmidas de Muriyad Kol, que fazem parte do sítio Ramsar de Vembanad-Kol, Kerala, Índia.

METODOLOGIA

O presente estudo foi realizado nos arrozais selecionados das zonas húmidas de Muriyad Kol, que fazem parte das zonas húmidas de South Kol de Kerala. Foram selecionadas cinco parcelas de arroz para o estudo na estação *de Puncha* (março - maio de 2016) e a amostragem foi feita entre a floração e a colheita. Para estudar o efeito da vegetação marginal ou circundante nas assembleias de aranhas dos campos de arroz, cada parcela foi amostrada em duas áreas: área 1 com <5 m e área 2 com> 25 m da borda do campo. Com base na vegetação circundante, as parcelas foram classificadas em: tipo A, com vegetação densa e altura média das árvores superior a 10 m, e tipo B, com erva alta e pequenos arbustos. O método de quadrículas foi seguido para o estudo, colocando quadrículas de 2 m x 2 m em quatro posições dentro de cada área. Foram utilizados os métodos de recolha manual e de rede de varredura para recolher aranhas dos arrozais, tendo cada recolha durado 1 hora. Os espécimes recolhidos foram conservados em álcool etílico a 70 % e os dados de abundância dos quatro quadrantes foram reunidos para formar uma amostra. Obteve-se um total de 30 amostras para análise.

A diversidade das assembleias de aranhas é descrita como números de Hill ou número efetivo de espécies ou equivalentes de espécies. Os números de Hill são uma família de diversidade matematicamente unificada que incorpora a abundância relativa e a riqueza de espécies e supera muitas das deficiências dos índices de diversidade comummente utilizados, como a entropia de Shannon e o índice de Simpson (Chao et al. 2014). É possível caraterizar a diversidade de espécies de uma assembleia utilizando os três primeiros números de Hill, em que q = 0 é a riqueza de espécies, q =1 é o exponencial da entropia de Shannon (diversidade de Shannon) e q =2 é o inverso do índice de concentração de Simpson (índice de Simpson). Os índices de diversidade, Shannon e Simpson, foram convertidos em número efetivo de espécies (Jost 2006), que é o número de espécies igualmente abundantes necessárias para produzir o valor observado de diversidade. O número efetivo de espécies pode ser considerado uma boa medida de diversidade, pois possui um conjunto uniforme de propriedades matemáticas que captam com precisão o conceito de diversidade e facilitam a interpretação dos resultados (Jost 2006). A análise foi realizada usando o pacote Vegan 2.4-3 (Oksanen et al. 2018) na versão 3.4.3 do R (R Core Team, 2017). As diferenças na abundância média e na diversidade alfa de aranhas entre os locais próximos à borda e >25 m de distância da borda do arrozal (Richness e Shannon-Weiner) foram testadas usando o teste t de amostra independente de Welch. O pacote SpadeR versão 0.1.1 (Species Prediction and Diversity Estimation, Chao et al. 2016) foi utilizado para estimar a riqueza de espécies e a diversidade de Shannon (Jacknife) dos sítios. Também fornecemos os intervalos de confiança de 95% para definir a variação da amostragem, construídos usando 300 replicações de bootstrap (Chao 1987; Chao et al. 2016).

RESULTADOS

Foi recolhido um total de 2027 indivíduos de 92 espécies durante o estudo, dos quais 1255 indivíduos foram recolhidos em locais próximos dos bordos do arrozal que faziam fronteira com outra vegetação e 772 indivíduos foram recolhidos em locais a >25 m dos bordos. A riqueza estimada de espécies (Chao 1) de amostras agrupadas da área 1 com vegetação do tipo A e do tipo B foi de 109,40 ± 16,06 (±SE) e 84 ±11,42, respetivamente. A área 2 apresentou uma riqueza de espécies estimada em 43 ±7,74 e 79,55 ±8,26 em amostras do tipo A e do tipo B, respetivamente. Os resultados do teste t de Welch de duas amostras indicaram uma diferença significativa na riqueza média de espécies entre as duas áreas, tanto nas parcelas do tipo A como do tipo B. No tipo de vegetação A, houve uma diferença significativa na riqueza média de espécies para a área 1 (M=31,66, SD=

5,60) e a área 2 (17,83 ± 2,93); t (7,5) = 5,355, p <.001. No tipo de vegetação B, houve diferença significativa na riqueza média de espécies para as condições de área 1 (30,89 ±5,18) e área (18,44 ±2,78); t (12,27) = 6,343, p < .001. No entanto, não houve diferença significativa na riqueza média de espécies entre os tipos de vegetação. A abundância média de aranhas variou significativamente entre as áreas com a área 1 registrando 77 ± 10,78 e a área 2 com 48,83 ±3,92 indivíduos (condições; t(6,29)= 6,011, p < .001) e 88,11 ± 9,72 e 53,22 ±5,38 indivíduos (condições; t(12,27)= 6,343, p < .001) nos tipos de vegetação A e B respetivamente. Mas não houve diferença significativa na abundância média de aranhas entre as amostras dos dois tipos de vegetação. A diversidade média estimada de Shannon também mostrou diferença significativa para a área 1 (33,45 ±7,55) e área 2 (18,78 ±4,008) no tipo de vegetação A (condições; t (6,29) = 6,011, p < .001), e 29,85 ±5,28 e 18,89 ±3,83 espécies na área 1 e 2 respetivamente com o tipo de vegetação B (condição; t (14,59) = 5,035, p < .001). A curva de Distribuição de Abundância de Espécies (SAD) não mostrou nenhuma mudança significativa na estrutura da comunidade, pois as espécies dominantes em todas as amostras das duas áreas permaneceram as mesmas (*Tetragnatha mandibulata* e *T. javana*). O modelo de distribuição de preempção foi ajustado às Distribuições de Abundância de Espécies para as duas áreas.

Figura 1. Distribuição da Abundância de Espécies (SAD) de aranhas das duas áreas de arrozais com tipos de vegetação A e B, ajustadas ao modelo de preempção

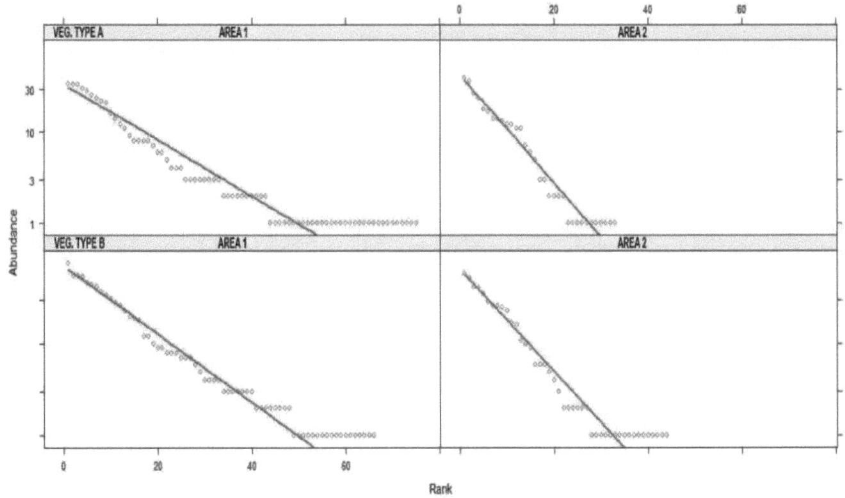

DISCUSSÃO

O estudo indica os efeitos positivos da vegetação marginal ou circundante na abundância e diversidade das aranhas dos arrozais. Os arrozais próximos do coberto arbóreo registaram a maior riqueza estimada de espécies, uma vez que tinham muitas espécies raras que são caraterísticas da vegetação circundante. A vegetação circundante marcada por ervas e pequenos arbustos também registou estimativas de riqueza de espécies significativamente mais elevadas em comparação com as áreas afastadas da vegetação circundante. Os terrenos com relva albergam, na sua maioria, uma comunidade de aranhas semelhante à observada nos arrozais e actuam como um tampão ou refúgio para as aranhas que não toleram a exposição durante os períodos de aplicação de pesticidas. Uma tendência semelhante em termos de abundância também prova os efeitos positivos da manutenção da vegetação nas orlas ou nas margens dos ecossistemas de arrozais. No entanto, o tipo de vegetação que rodeia os campos não teve um efeito significativo na diversidade e abundância de aranhas nos arrozais. A presença de inimigos naturais artrópodes pode ser reforçada pela manipulação das comunidades de ervas daninhas através do corte parcial da cobertura de ervas daninhas nos feixes. Os habitats não relacionados com o arroz na vizinhança e na periferia dos campos de arroz mantêm um reservatório de inimigos naturais durante os sucessivos ciclos de cultivo e, por conseguinte, merecem uma atenção especial (Edirisinghe & Bambaradeniya, 2006).

RECONHECIMENTO

Os autores agradecem ao KSCSTE pelo apoio financeiro como Projeto de Investigação Principal (1241/2014/KSCSTE) e ao Diretor do Christ College, Irinjalakuda, pelas instalações disponibilizadas.

REFERÊNCIAS

Barrion A. T. & J. A. Litsinger. 1995. *Riceland spiders of South and South-East Asia.* CAB International, Reino Unido & IRRI, Filipinas. 700pp.

Chao A. 1987. Estimativa da dimensão da população para dados de captura-recaptura com capacidade de captura desigual. *Biometria* 43:783-791.

Chao A. & Chiu C. H. 2016. Estimativa não paramétrica e comparação da riqueza de espécies. Wiley Online Reference in the Life Science. In: eLS. John Wiley and Sons, Ltd: Chichester. DOI: 10.1002/9780470015902.a0026329.

Edirisinghe J. P. & Bambaradeniya C.N.B. 2006. Rice fields: an ecosystem rich in biodiversity, *J. natn. Sci. foundation Sri Lanka,* 34(2): 57-59.

Jari Oksanen F. Guillaume Blanchet, Michael Friendly, Roeland Kindt, Pierre Legendre, Dan McGlinn, Peter R. Minchin, R. B. O'Hara, Gavin L. Simpson, Peter Solymos, M. Henry H. Stevens, Eduard Szoecs e Helene Wagner (2018). vegan: Pacote de Ecologia Comunitária. Pacote R versão 2.4-6. https://CRAN.R- project.org/package=vegan

Jost L. 2006. Entropia e diversidade. *Oikos* 113: 363-374.

Equipa principal do R 2017. R: Uma linguagem e um ambiente para a computação estatística. R Fo undation for Statistical Computing, Viena, Áustria. URL https://www.R-project.org.

Ysnel F., A. Canard & G. Tiberghien 1996. As comunidades de aranhas do estrato arbustivo: variação da composição e estrutura das comunidades de touceiras de tojo no oeste de França. Proc. XIIIth Intern. Congr. Arachnol. *Rev. Suisse Zool.*, 691700.

Capítulo 15

ESTUDO COMPARATIVO DA DIVERSIDADE DE TRAÇAS EM DOIS HABITATS DIFERENTES DO DISTRITO DE THRISSUR EM KERALA

K. Praveen[1] , Vinod Joseph[2] e P.P. Sudhin[3]

[1]Laboratório de Investigação em Imunologia e Toxicologia, Departamento de Zoologia, Christ College,
Irinjalakuda, Kerala

[2]Escola Secundária Superior de S. Sebastião, Anicadu, Muvattupuzha

[3]Centro de Taxonomia e Ecologia Animal, Departamento de Zoologia, Christ College, Irinjalakuda, Kerala

RESUMO

As traças são um dos maiores e mais variados grupos de insectos, distribuídos a nível mundial, e desempenham um papel vital no ecossistema como predadores. O presente estudo foi uma tentativa de comparar a diversidade de traças em dois locais diferentes do distrito de Thrissur, em Kerala. O estudo concentrou-se em duas regiões: a colina de Kanakamala (área de estudo I) e o St. Joseph's College, campus de Irinjalakuda (área de estudo II). O estudo resultou na documentação de 48 espécies de traças pertencentes a 39 géneros e 11 famílias. Entre as 48 espécies de traças recolhidas, 34 espécies foram registadas na região de Kanakamala. A família mais dominante desta região foi Erebidae com 12 espécies e a segunda família dominante foi Sphingidae com 9 espécies. Actidea e Crambidae foram outras famílias dominantes. Um total de 16 espécies de traças foram recolhidas no St. Joseph's College, campus de Irinjalakuda. Durante o período de estudo, também avaliámos o papel das variações sazonais na diversidade de traças, em que o maior número de espécimes foi recolhido durante o verão e no período pós-monção.

Palavras-chave: Traça, diversidade, Ghats ocidentais, Kerala, Índia

INTRODUÇÃO

As traças, que englobam a maior parte da diversidade de Lepidópteros, não recebem a mesma atenção e interesse entusiástico que os taxonomistas e amadores oferecem às borboletas (Scoble, 1992). Relativamente às espécies que são descritas, os dados sobre a distribuição e as plantas hospedeiras são geralmente pobres (Janzen, 1988; Harp et al., 1999). A maior parte das traças que nos são familiares são consideradas com benefício económico como herbívoros primários no ecossistema florestal ou conhecidas como pragas das nossas culturas. Juntamente com a sua natureza diversificada em habitats, as traças estão bem adaptadas a uma variedade de flutuações ambientais. Um facto a não esquecer é que milhares de traças ainda estão por descobrir e identificar e a sua importância ecológica e económica ainda não é totalmente compreendida. Mathew e Rahamathulla (1995) estudaram a diversidade de espécies de insectos com referência a traças em habitats florestais representativos no Parque Nacional de Silent Valley e referiram que os dados preliminares sugerem uma grande diversidade de espécies em florestas em boa regeneração, em comparação com as que estão sujeitas a perturbações como a incidência de incêndios.

A diversidade de traças varia consoante os habitats. O presente estudo comparou a diversidade de traças em dois habitats diferentes, nomeadamente a colina de Kanakamala (área de estudo I) e o St. Joseph's College (área de estudo II). A colina de

Kanakamala (área de estudo I), situada no distrito de Thrissur, Kerala, faz parte dos Ghats Ocidentais.

Devido às condições climáticas típicas e às caraterísticas topográficas, esta área está rodeada por uma vegetação heterogénea e por tipos de floresta densos. Esta heterogeneidade favoreceu a existência de várias espécies de fauna. O St. Joseph's College (área de estudo II), situado em Irinjalakuda, é uma das maiores instituições residenciais do distrito de Thrissur, Kerala. Estende-se por 19,5 acres, dos quais mais de 60% são ocupados por edifícios do colégio. A restante área inclui um jardim rico em copas, relvado, vegetação doméstica, zonas pantanosas, pomares de manga, sapotilhas, etc. Durante este estudo também analisámos o papel das flutuações sazonais na abundância e riqueza das espécies de traças.

METODOLOGIA

Locais de estudo: Recolhemos amostras de fases adultas de traças de dois habitats diferentes no distrito de Thrissur, Kerala. A seleção foi feita de acordo com a discrepância dos parâmetros ecológicos. Os habitats incluem a colina de Kanakamala e o campus do St. Joseph's College. A colina de Kanakamala faz parte dos Ghats ocidentais (Sahyadri) e atingiu uma altura de 3 000 pés em relação ao nível do mar. O campus do St. Joseph's College estende-se por 19,5 acres e situa-se entre as latitudes 10°34'03"N e as longitudes 76°21'50"E. A vegetação comum desta zona inclui *Syzygium cumini, Terminalia catappa, Delonix regia, Azadirachata indica, Albizia lebbeck, Cocos nucifera, Tectona grandis, Mangifera indica, Punica granatum, Psidium guajava*, etc.

Métodos de amostragem: Para a amostragem das traças utilizámos um tipo especial de armadilhas luminosas (foram mantidas em funcionamento quatro a seis armadilhas) com luzes fluorescentes pretas e azuis, alimentadas por baterias de 12 V. As traças são atraídas pela luz e caem através de um funil para um recipiente. As armadilhas foram ligadas e mantidas durante cinco a seis horas, das 18 horas à 1 hora da manhã, durante o período de amostragem. As traças foram mortas com acetato de etilo num frasco de extermínio. As traças em repouso e em voo foram capturadas com uma rede aérea. Os espécimes recolhidos foram processados para fixação e preservação em caixas de madeira herméticas. As identificações foram feitas com a ajuda da literatura disponível e de chaves taxonómicas padrão.

RESULTADOS E DISCUSSÃO

O presente estudo registou um total de 48 espécies de traças pertencentes a 39 géneros e 11 famílias. Erebidae foi a família dominante, constituindo 40% do total de espécies de traças recolhidas. A segunda família dominante foi Arctidae com 21%, seguida de Spingidae 9% (Figura 1). O estudo comparativo da diversidade da fauna de traças em Kanakamala (área de estudo-I) e no St Joseph's College, campus de Irinjalakuda (área de estudo-II) mostra uma diferença significativa. Entre as 48 espécies de traças recolhidas, 34 espécies foram registadas na região de Kanakamala. A família mais dominante desta região foi Erebidae com 12 espécies e a segunda família dominante foi Sphingidae com 9 espécies. Actidea e Crambidae foram outras famílias dominantes. Um total de 16 espécies de traças pertencentes a 16 géneros e 9 famílias foram recolhidas no St. Joseph's College, campus de Irinjalakuda. A família mais dominante nesta região foi Erebidae, que representa cinco espécies de traças. Arctidea foi a família dominante seguinte, com 4 espécies, seguida de Geometridae.

O resultado mostrou que havia uma diferença considerável na diversidade de traças entre os dois habitats estudados. Entre as duas regiões estudadas, Kanakamala registou o valor mais elevado de diversidade. Esta região inclui florestas protegidas com uma esplêndida variedade de flora e fauna. A natureza complexa e heterogénea do habitat florestal, com uma grande variedade de vegetação, é supostamente a principal razão para a elevada diversidade registada em Kanakamala. Muitos estudos chegaram a uma correlação positiva entre a heterogeneidade do habitat e a diversidade de espécies (Haddad et al. 2001, Poulsen 2002, Williams et al. 2002, Lassau et al. 2005). As instalações do St. Joseph's College, comparativamente menos heterogéneas, apresentaram uma menor diversidade e abundância de espécies. Outra explicação possível para o número relativamente elevado de espécies de traças encontradas na floresta de Kanakamala é a distribuição espacial dos recursos alimentares para larvas e adultos e a taxa negligenciável de interferência humana na floresta densa. Por outro lado, o campus do St. Joseph's College, que tem sido sujeito a uma elevada frequência de interferência humana e de destruição do habitat, tornou este habitat menos adequado para as traças, apresentando assim uma baixa diversidade.

Tabela 1. Lista das espécies de traças registadas em Kanakamala

Sl. No.	Scientific name	Super family	Family	Sub-family
1	*Hippotion rosetta*	Bombycoidea	Sphingidae	Macroglossinae
2	*Hippotion* sp.			
3	*Theretra clotho*			
4	*Theretra* sp.			
5	*Acherontia lachesis*			Sphinginae
6	*Psilogramma menepherona*			
7	*Psilogramma* sp.			
8	*Agrius convolvuli*			
9	*Cephonodes hylas*			
10	*Kunugia* sp.		Lasiocampidae	Lasiocampinae
11	*Azygophleps* sp.	Cossoidea	Cossoidea	Zeuzerinae
12	*Asota plana*	Noctuoidea	Erebidae	Aganainae
13	*Asota producta*			
14	*Neochera* sp.			
15	*Amerila asteus*			Arctiinae
16	*Pareuchaetes pseudoinsulata*			
17	*Creatonotos gangis*			
18	*Achaea janata*			Erebinae
19	*Bastilla* sp.			
20	*Erebus* sp.			
21	*Mocis* sp.			
22	*Thyas coronata*			
23	*Nyctemera* sp.			Lymantriinae
24	*Syntomoides* sp.		Arctidae	Arctiinae
25	*Syntomoides imaon*			
26	*Endocima* sp.			
27	*Eressa* sp.			

28	*Spodoptera litura*		Noctuidae	Noctuinae
29	*Xanthodes transversa*		Nolidae	Chloephorinae
30	*Palpita* sp.	Pyraloidea	Crambidae	Spilomelinae
31	*Parotis* sp.			
32	*Pygospila tyres*			
33	*Cyclosia* sp.	Zygaenoidea	Limacodidae	Limacodinae
34	*Cleora* sp.	Geometroidea	Geometridae	Ennominae

Tabela 2. Lista de espécies de traças registadas no campus do St. Joseph's College

Sl. No.	Scientific name	Super family	Family	Sub-family
1	*Acherontia* sp.	Bombycoidea	Sphingidae	Sphinginae
2	*Agathia lacheaneria*	Geometroidea	Geometridae	
3	*Geometrinae*			
4	*Comostola* sp.			
5	*Thalassodes* sp.			
6	*Asota caricae*	Noctuoidea	Erebidae	Aganainae
7	*Amata* sp.		Arctidae	Arctiinae
8	*Creatonotos gangis*			
9	*Creatonotos* sp.			
10	*Olepa ricini*			
11	*Erebus hieroglyphica*	Noctuoidea	Erebidae	Erebinae
12	*Bastilla* sp.			
13	*Olene* sp.			Lymantriinae
14	*Artaxa* sp.			
15	*Spodoptera* sp.		Noctuidae	Noctuinae
16	*Eligma narcissus*		Nolidae	Chloephorinae

Neste estudo, também observámos o papel das variações sazonais na abundância e riqueza de traças. A Figura 2 mostra a variação geral na abundância e riqueza de traças durante as diferentes estações. Obtivemos resultados promissores sobre a natureza recíproca da chuva e da abundância de traças. A abundância de espécies foi mais elevada no verão (março) com um total de 210 traças, seguida da pós-monção (agosto) com 135. A monção (junho) apresentou a menor abundância com um total de 62 traças. A riqueza de espécies também seguiu a mesma tendência, com o verão a apresentar a riqueza máxima, seguido da pós-monção. A restrição ao voo livre devido a chuvas fortes pode ser a razão para a menor abundância (Sanyal et al., 2013) e riqueza de mariposas durante as estações chuvosas. A maior disponibilidade de materiais vegetais frescos durante o período pós-monção pode ter atraído a atenção das traças (Praveen, 2017), aumentando assim a sua abundância e riqueza para um nível considerável.

Figura 1. Percentagem de ocorrência das famílias de traças nas áreas de estudo

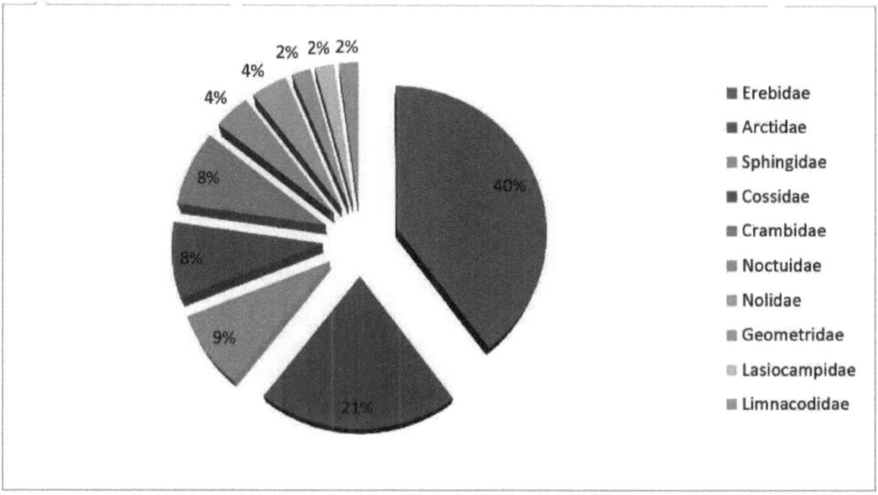

Figura 2. Padrão de abundância e riqueza em diferentes estações do ano

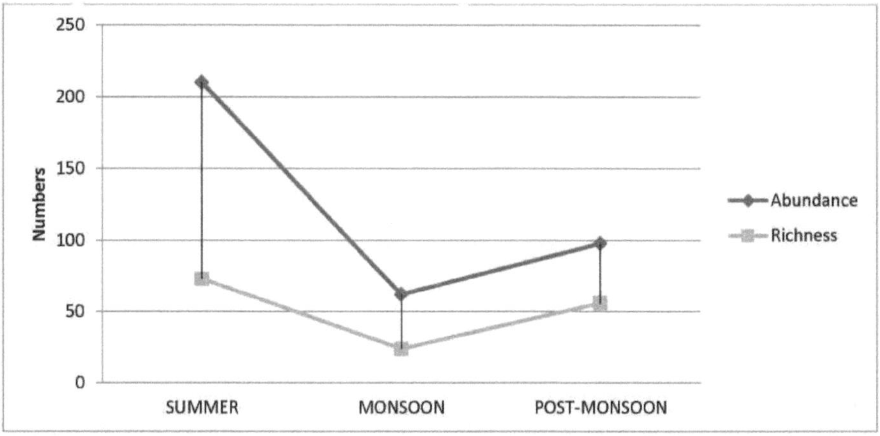

Figura 3. Diversidade de espécies de traças em Kanakamala (área de estudo I)

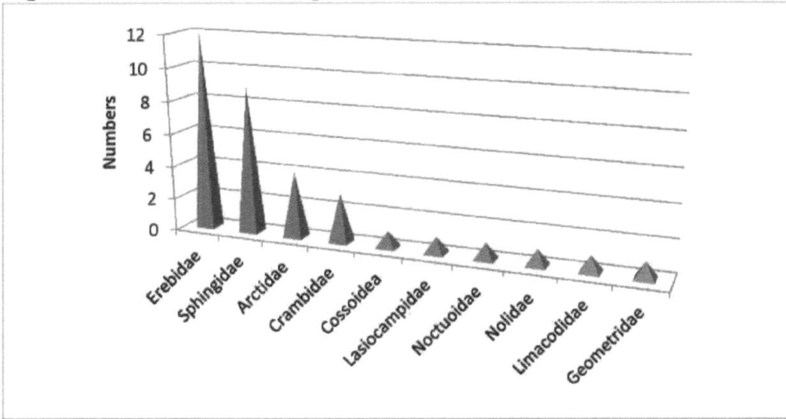

Figura 4. Diversidade de espécies de traças no St. Joseph's College, campus de Irinjalakuda (área de estudo-II)

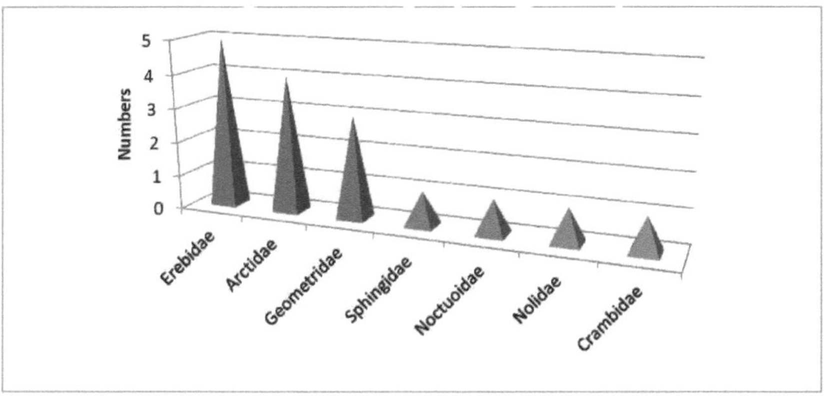

CONCLUSÃO

O presente estudo foi uma tentativa de comparar a diversidade de traças em dois locais diferentes do distrito de Thrissur, em Kerala. Os resultados aqui apresentados demonstraram que a região da floresta de Kanakamala suporta uma vasta gama de fauna de traças, reforçando a importância da preservação deste tipo de vegetação. Comparativamente, a elevada interferência humana e a elevada destruição do habitat conduzem a uma baixa diversidade e abundância de espécies no nosso local de estudo II, que foi o campus do St. A diversidade de traças destas áreas não foi totalmente inventariada neste estudo, pelo que é necessário um estudo mais alargado e de duração prolongada para compreender uma estimativa detalhada da diversidade faunística.

REFERÊNCIAS

George Mathew & V.K. Ramthulla. 1995 Biodiversity in the Western Ghats - a study with reference to moths with silent Valley National Park, India. *Entomon* 20(2): 25-33.

Haddad N.M., D. Tilman, J. Haarstad, M. Ritchie e J.M.H. Knops. 2001. Efeitos contrastantes da riqueza e composição das plantas nas comunidades de insectos: uma experiência de campo. *American Naturalist* 158: 17-35.

Harp C.E., Opler P.A., Peigler R.S., Pogue M., Powell J.A. & Smith M.J. 1999. Moths of North America. Página inicial do Northern Prairie Wildlife Research Center, Jamestown.

Janzen D.H. 1998. Caracterização ecológica da fauna de lagartas de uma floresta seca da Costa Rica. *Biotropica.* 20, 120-135.

Poulsen B.O. 2002. Avian richness and abundance in temperate Danish forests: tree variables important to birds and their conservation. *Biodiversity and Conservation* 11: 1551- 1566.

Praveen K. 2017. Estudo sobre a prevalência do conjunto de traças (ordem: Lepidoptera) em vários campos de arroz do distrito de Palakkad, Kerala. *O Jornal de Estudos de Zoologia.* 4(1): 06-11.

Sanyal A.K., Uniyal V.P., Chandra K. & Bhardwaj M. 2013. Diversidade, padrão de distribuição e variação sazonal na assembléia de mariposas ao longo do gradiente altitudinal na área de paisagem de Gangotri, Himalaia Ocidental, Uttarakhand, Índia. *Journal of Threatened Taxa.* 5(2): 3646:3653.

Scoble M.J. 1992. The Lepidoptera: Form, Function and Diversity. Oxford University Press, Nova Iorque.

Shannon C.E. 1948. A mathematical theory of communication (Uma teoria matemática da comunicação). The Bell System Technical Journal. 27. 379-423.

Williams S.E., H. Marsh & J. Winter. 2002. Spatial scale, species diversity, and habitat structure: small mammals in Australia (Escala espacial, diversidade de espécies e estrutura do habitat: pequenos mamíferos na Austrália).

Capítulo 16

SEM ANÁLISE DAS CARACTERÍSTICAS MORFOLÓGICAS DE *MYLLOCERUS VIRIDANUS* FABRICIUS (COLEOPTERA: CURCULIONIDAE)

Ranjini Rajan N. e S.M. Ghosh*

Departamento de Zoologia, Govt. College Kasragod, Universidade de Kannur
*smghosh03@gmail. com

RESUMO

A identificação taxonómica tem um papel vital na conceção de procedimentos de gestão precisos contra as pragas de insectos. O presente trabalho descreve as caraterísticas morfológicas do gorgulho polífago *Myllocerus viridanus* Fabricius. A análise dos caracteres morfológicos foi feita utilizando microscópio estéreo zoom e microscopia eletrónica de varrimento. *O Myllocerus viridanus* é um gorgulho polífago que danifica as folhas e tem o estatuto de praga importante das árvores florestais com uma vasta gama de hospedeiros. Os gorgulhos adultos têm 4,75-3,62 mm de comprimento e uma cor branca esverdeada. As fêmeas são mais pequenas do que os machos e têm os élitros dilatados. A cabeça é mais pequena do que o rostro. Olhos dorsais, mais compridos do que largos. Escrobos ligeiramente mais largos do que os frons. Frons com impressão longitudinal. Carina lateral e central distintas. Antena preta com funículo de sete segmentos. Todas as patas com os fémures bidentados. Genitália feminina com espermateca e espícula. Genitália masculina constituída por aedeago, tegmen e spiculum gastrale.

Palavras chave: *Myllocerus viridanus,* Gorgulho cinzento, Microscopia eletrónica de varrimento

INTRODUÇÃO

A ordem Coleoptera abriga a maioria dos membros do mundo dos insectos que são diferentes nos seus atributos morfo-ecológicos. A ordem Coleoptera abrange quase 400.000 espécies de insectos de aproximadamente 180 famílias (Grove e Stork 2000). A maior parte dos coleópteros são polífagos e os seus surtos populacionais podem ter um efeito drástico na produção agrícola e na economia agrícola. Recomenda-se sempre a aplicação de medidas adequadas para verificar o estado das pragas de importância agrícola, o que só seria possível se a identificação taxonómica fosse feita com precisão (Miller e Rossman 1995). A nível mundial, a produção agrícola e a segurança dos produtos têm de enfrentar muitos obstáculos, entre os quais as pragas de insectos são de importância fundamental. A deteção precoce da presença de pragas e da sua infestação e doenças desempenha um papel crucial na aplicação de estratégias de gestão adequadas (Karthika 2016). A identificação taxonómica exacta é um passo fundamental para a biodiversidade, a ecologia das comunidades, a biomonitorização e os estudos sistemáticos (Rivera e Currie 2009).

O género *Myllocerus* ou gorgulhos cinzentos são polifágicos na natureza e são pragas importantes que desfolham culturas frutícolas e plantas ornamentais (Hill 1987). Aproximadamente 336 espécies foram reconhecidas como válidas em África, na América do Norte, na Ásia, especialmente no Sudeste Asiático, no subcontinente indiano, no Paleártico e na Austrália (O'Brien et al 2006). No subcontinente indiano estão registadas cerca de 73 espécies do género *Myllocerus* (Ramamurthy e Ghai 1988).

Myllocerus viridanus (Fabricius) é uma praga bem conhecida de culturas com uma vasta gama de hospedeiros, incluindo culturas agrícolas, culturas comerciais, vegetação arbustiva e árvores florestais (Ahmad 1989). Stebbing (1914) registou esta espécie pela primeira vez em teca em muitas localidades de Kerala e Tamil Nadu.

Até à data, não foi efectuado qualquer trabalho pormenorizado sobre a morfologia de *M. viridanus*. Assim, no presente estudo, é apresentada uma imagem clara e pormenorizada das caraterísticas morfológicas de *Myllocerus viridanus* com base em dados obtidos em estudos de microscopia ótica e eletrónica de varrimento.

MATERIAIS E MÉTODOS

Recolha de espécimes: Os gorgulhos adultos foram colhidos em mangueiras disponíveis em pomares de mangueiras e quintas em Bekal (12°23'15.36 "N; 75°02'31.2 "E), Badiyadukka (12°35'0 "N; 75°4'0 "E), Padannakkad (12° 15.095'N; 75°.07.077'E), Pilicode (12°11'59.5 "N; 75°09'49.2 "E) do distrito de Kasaragod. As colheitas foram feitas pelo método de apanha manual e os espécimes foram guardados em frascos limpos e arrumados, levados para o laboratório e bem aclimatados.

Análise morfológica: Alguns dos espécimes recolhidos foram conservados em álcool a 95%, posteriormente secos ao ar e montados em cartões. Para o estudo da genitália, o ventre dos machos e das fêmeas foi separado e fervido com 10% de KOH, sendo depois bem lavado com água da torneira (Ramamurthy e Ghai 1988). As imagens e medidas das diferentes partes morfológicas do gorgulho foram obtidas utilizando o microscópio estereoscópico ZEISS Stemi 508 com axiocâmara incorporada.

Análise ao Microscópio Eletrónico de Varrimento (SEM): Para obter uma visão detalhada da morfologia externa, as amostras foram devidamente secas e preparadas para a análise SEM. Os espécimes foram orientados para a obtenção de imagens de microscópio eletrónico de varrimento. As imagens destas amostras biológicas foram tiradas para análise morfológica utilizando o microscópio eletrónico de varrimento (SEM) JEOL JSM-6390LA. Antes da análise, as amostras foram secas e preparadas para o MEV de acordo com o procedimento de Harrison (2012) e mantidas numa fita de carbono para efeitos de aderência e para evitar o efeito de carga durante a operação do MEV. Posteriormente, estes espécimes foram revestidos com ouro por pulverização catódica durante 80 segundos (modelo JEOL JFC-1600 auto fine coater). O canhão de electrões do SEM JEOL JSM-6390LA é um canhão de microfoco que produz uma fonte de electrões muito pequena. A análise foi efectuada em diferentes ampliações, com focagem e estigmador adequados, a fim de obter as informações necessárias sobre as amostras.

RESULTADOS

As fêmeas são geralmente maiores do que os machos, com um comprimento de 4,725 mm e 3,604 mm, respetivamente (Fig. 1A).

Coloração: Corpo branco-esverdeado ou verde-claro; cabeça com olhos pretos; élitros com escamas e pêlos; antenas com escapo e funículo cobertos de pêlos; patas pretas com espinhos femorais proeminentes cobertos de vestimenta.

Cabeça: evidentemente mais pequena do que o rostro (0,601 mm); olhos pretos (Fig. 2B), ovais, sub-dorsais, pouco salientes e convexos, mais compridos (0,331 mm) do que largos (0,324 mm); frons (0.499 mm) mais longo que o comprimento dos olhos; emarginação apical rasa, carenas laterais e central distintas; no ápice do rostro, a partir dos escrobos, surgem as antenas (Fig. 2D), pretas, escapo longo, funículo sete segmentado, 2nd segmento (0,351 mm) um pouco mais longo que o primeiro (0,346 mm.), clava 3 segmentada com um terceiro segmento longo e pontiagudo.

Tórax: Protórax sub-cónico (Fig. 1B), base mais larga (1,728 mm) estreitando-se em direção ao ápice (1,172 mm), ápice reto, base profundamente bissinuada (Fig. 2A); Élitros com lados paralelos a partir dos ombros, dilatados para além e atrás do meio nos machos e nas fêmeas, respetivamente, 12-14 estrias distintas com pontuações longitudinais (Fig. 2C),v estitura com 3 tipos de escamas, a predominante ovada, cristas 6-8, separadas por linhas duplas; tipo ovado menos predominante e tipo mais ovado com 6-8 cristas, escamas nas margens estriais alongadas; pernas pretas (Fig. 1C), pernas protorácicas mesotorácicas e pernas metatorácicas com 2 espinhos femorais (Fig. 2E & Fig. 2F). 3rd segmento dos tarsos é bilobado e termina em garra curva.

Genitália masculina: Aedeago (Fig. 1F) com pénis mais comprido do que largo, processo apical cónico. Saco interno quitinoso. Apófise delgada e no ápice é mais larga com extremidades arredondadas. Tegmen (Fig. 1G) com a parte dorsal ondulada e speculum gastrale (Fig. 1H) robusto.

Genitália feminina: A genitália feminina inclui a espermateca (Fig. 1D) com o cornu mais comprido e mais estreito do que o braço proximal, com o ápice ligeiramente curvado e o nódulo arredondado. Ramus um pouco mais projetado do que o nódulo, surgindo imediatamente após o nódulo. Espículo (Fig. 1E) quitinoso com base estreita.

Material examinado: 4 fêmeas, Bekal; Badiyadukka; Padannakkad; Pilicode.

DISCUSSÃO

Myllocerus viridanus Fabricius é uma praga polífaga de numerosas árvores e plantas ornamentais de importância agrícola e hortícola. Os adultos desfolham as folhas e as larvas danificam as raízes. A análise SEM revelou que *M. viridanus* tem olhos colocados dorsalmente e cabeça com carenas laterais centrais distintas. Élitros com 12-14 puncturas formando estrias elytrais. A vestimenta é constituída por três tipos de escamas. Todas as patas têm os fémures bidentados. Os órgãos genitais femininos são constituídos por espermateca e espícula. A espermateca tem o cornu mais comprido e mais estreito do que o braço proximal e o ápice ligeiramente curvado. Nódulo arredondado. Ramus um pouco mais projetado do que o nódulo e surge imediatamente após o nódulo. Espícula quitinosa com base estreita. Órgãos genitais masculinos constituídos por uma dedeira e um espículo gastral. Aedeago com pénis mais comprido do que largo, processo apical cónico. Saco interno quitinoso. Apófise delgada e no ápice é mais larga com extremidades arredondadas. Tegmen com a parte dorsal ondulada. Espículo gastral robusto.

RECONHECIMENTO

Os autores agradecem ao Dr. V.V. Ramamurthy, (Cientista Principal, Divisão de Entomologia, Instituto Indiano de Investigação Agrícola, Nova Deli) e ao Dr. B. Ramesha (Professor Assistente, Escola Superior de Agricultura, Padannakkad) pela identificação do gorgulho. Agradecemos também ao Diretor da Instituição, Government College, Kasaragod, por ter disponibilizado as instalações necessárias.

REFERÊNCIAS

Ahmad M. 1989. Diversidade alimentar de *Myllocerus viridanus* Fab. (Coleoptera: Curculionidae) do Sul da Índia, *Indian Forester,* 115(11):832-838.

Grove S.J. & Stork N.E. 2000. An inordinate fondness for beetles, *Invertebrate Systematics,* 14(6):733-739.

Harrison J. D. G. 2012. Limpeza e preparação de escaravelhos adultos (Coleoptera) para microscopia eletrónica de luz e de varrimento. *African Entomology,* 20(2): 395-401.

Hill D.S. 1987, Agricultural insect pests of temperate regions and their control (Pragas de insectos agrícolas de regiões temperadas e seu controlo). CUPArchive, pp: 312.

Karthika P., Krishnaveni N., Vadivalagan C., Murugan K., Nicoletti M. & Benelli G. 2016. DNA barcoding e linhagem evolutiva de pragas de insectos de culturas hortícolas no sul da Índia, *Karbala International Journal of Modern Science,* 2(3):156- 168.

Miller D.R. & Rossman A.Y. 1995. Systematics, biodiversity, and agriculture, *BioScience*, 45(10):680-686.

O'Brien C.W., Haseeb M. & Thomas M.C. 2006. *Myllocerus undecimpustulatus undatus* Marshall (Coleoptera: Curculionidae), um gorgulho recentemente descoberto no subcontinente indiano. Flórida. Department Agric & Consumer Services, Division of Plant Industry. Entomology Circular, 412: 1-4.

Ramamurthy V.V. & Ghai S. 1988. Um estudo sobre o género *Myllocerus* (Coleoptera: Curculionidae). Oriental Insects, 22(1):377-500.

Rivera J. & Currie D.C. 2009. Identification of Nearctic black flies using DNA barcodes (Diptera: Simuliidae), *Molecular Ecology Resources*, 9(1):224-236.

Stebbing E.P. 1914. Indian Forest Insects of Economic Importance (Insectos florestais indianos de importância económica): Coleoptera, *Indian Forest insects of Economic Importance*: *Coleoptera* .pp:398.

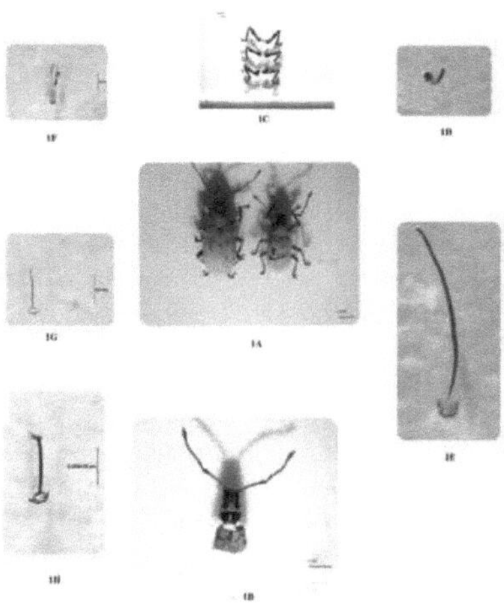

Figure 1. (A-H)

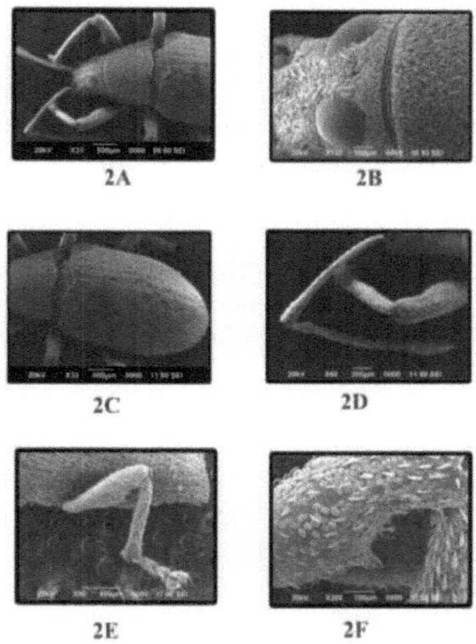

Figure 2. (A-E)

Fig.1 (A-H): Imagens microscópicas com zoom estéreo de partes morfológicas e da genitália de *M.viridanus*

Fig 1A: *Myllocerus viridanus,* Fêmea e Macho: vista dorsal
Fig 1B: Cabeça e protórax
Fig 1C: Apêndices
Fig 1D: Espermateca
Fig 1E: Espículo
Fig 1F: Aedeago
Fig 1G: Tegme.
Fig 1H: Espículo gástrico

Fig.2 (A-E) Imagens SEM de partes morfológicas *de M. viridanus*
Fig 2A: Protórax
Fig 2B: Olhos dorsais
Fig 2C: Punções elitrais
Fig 2D: Antena
Fig 2E: Perna traseira
Fig 2F: Espinhas femorais posteriores

Capítulo 17

DIVERSIDADE DE ARANHAS NO SANTUÁRIO DE CHULANNUR PEAFOWL , KERALA

Reshma R.* e Sudhikumar A.V.

Centro de Taxonomia e Ecologia Animal,
Departamento de Zoologia, Christ College, Irinjalakuda, Kerala
**reshmaradhakrishnanj95@gmail.com*

RESUMO

A distribuição e a diversidade das aranhas têm atraído a atenção dos naturalistas em diferentes partes do mundo desde o século XVIII. As aranhas são abundantes e omnipresentes, empregam uma diversidade notável de estratégias de predação, ocupam uma vasta gama de nichos e espaços, caracterizam-se por uma elevada diversidade taxonómica no interior do habitat, apresentam respostas específicas às alterações ambientais e são relativamente fáceis de amostrar e identificar. O santuário de pavões de Chulannur está situado nos distritos de Thrissur e Palakkad, no estado de Kerala. Para a recolha de espécimes, foram utilizados métodos de amostragem como a colheita manual no solo, a colheita manual aérea e o batimento da vegetação. No total, foram recolhidas 63 espécies de aranhas pertencentes a 42 géneros de 14 famílias no santuário de Chulannur Peafowl. A área florestal continha 35 espécies de aranhas pertencentes a 28 géneros de 10 famílias. A área de bambu continha 33 espécies pertencentes a 22 géneros de 10 famílias. Os arbustos continham 27 espécies de aranhas pertencentes a 19 géneros de 10 famílias. O jardim das borboletas continha 4 espécies de aranhas pertencentes a 4 géneros e a uma única família, Araneidae. O jardim medicinal continha 13 espécies de aranhas pertencentes a 11 géneros de 7 famílias. Das 14 famílias recolhidas durante o estudo, a família Araneidae foi a família dominante com 17 espécies pertencentes a 10 géneros. A análise do comportamento alimentar das aranhas recolhidas permitiu identificar um total de 6 guildas alimentares. A riqueza de espécies foi elevada na área florestal. A diversidade de espécies mais elevada foi encontrada na zona dos bambus e a mais baixa no jardim das borboletas.

Palavras-chave: Aranha, diversidade, Santuário de Chulannur Peafowl, estrutura de guildas

INTRODUÇÃO

As aranhas constituem um dos grupos de organismos predadores mais omnipresentes do mundo animal (Riechert & Lockley, 1984). São a maior ordem de aracnídeos e ocupam o sétimo lugar na diversidade total de espécies entre todas as outras ordens de organismos. Em novembro de 2017, pelo menos 45 700 espécies de aranhas pertencentes a 114 famílias foram registadas pelos taxonomistas (World Spider Catalogue, 2017). As teias de aranha variam muito em tamanho, forma e quantidade de fio pegajoso utilizado. Uma espécie herbívora, *Bagheera kiplingi*, foi descrita em 2008, mas todas as outras espécies conhecidas são predadoras, principalmente de insectos e de outras aranhas, embora algumas espécies também se alimentem de aves e lagartos.

A distribuição e a diversidade das aranhas têm atraído a atenção dos naturalistas em diferentes partes do mundo desde o século XVIII. As aranhas, enquanto grupo, podem mesmo constituir instrumentos úteis para a conservação, como indicadores ecológicos ou para a medição rápida da biodiversidade. Jocque (1981) demonstrou que o tamanho das aranhas depende da qualidade do habitat. As aranhas são claramente uma parte integrante da biodiversidade, uma vez que desempenham um papel importante no ecossistema como predadores exclusivos de outros organismos e na manutenção do equilíbrio presa - predador. O estudo pretende efetuar amostragens em diferentes regiões do santuário. Até à data, não foi efectuado qualquer trabalho sistemático sobre as aranhas deste santuário. Este estudo é relevante pelo facto de ser o trabalho pioneiro sobre a sistemática e a diversidade da fauna de aranhas neste habitat.

MATERIAIS E MÉTODOS

Área de estudo: O santuário de pavões de Chulannur situa-se entre 10°42', 713" e 10° 43' 962" de latitude norte e 76°27' e 76° 29' 899" de longitude leste nos thaluks de Thalappilly e Alathur nos distritos de Thrissur e Palakkad, respetivamente, no estado de Kerala. O santuário está sob o controlo administrativo da Divisão de Vida Selvagem de Peechi. O santuário é predominantemente constituído por florestas de folha caduca com manchas abertas e zonas rochosas. O terreno é ondulado, com pequenas colinas e vales, com afloramentos rochosos ocasionais e manchas rochosas. A altitude média é de cerca de 120 m acima do nível médio das águas do mar. A região recebe as monções de sudoeste e nordeste. A precipitação média anual é de 2200 mm. A maior parte da precipitação ocorre durante a monção de sudoeste, de junho a setembro. A temperatura varia entre 23°C e 36°C. Durante os meses de verão, a região é relativamente seca devido aos ventos quentes que sopram através da fenda de Palakkad.

Tempo de estudo: A observação da aranha foi feita durante o período de 8 meses, de agosto de 2016 a março de 2017, que inclui as estações da monção e pós-monção. As aranhas foram recolhidas uma vez por mês, de manhã (7h00) até às 11h00. Como as aranhas exploram uma grande variedade de nichos, a amostragem foi efectuada de modo a recolher amostras representativas de diferentes habitats. Foi utilizado um método de busca exaustiva para recolher as aranhas. Cada sítio foi examinado minuciosamente para detetar possíveis aranhas.

Amostragem: A amostragem foi efectuada uma vez por mês. Em cada estação, foi estudado um total de 32 quadrículas por local, através da recolha de 4 quadrículas. Os espécimes recolhidos foram transportados para o laboratório. Os espécimes comparativamente grandes foram fotografados no próprio campo antes da recolha com a ajuda de uma câmara digital especial e de uma objetiva (Canon EOS 5D digital SLR e objetiva macro Canon 180 mm). Os espécimes foram conservados em álcool a 70%, com a devida etiquetagem da localidade, data e outras notas importantes para estudos posteriores. Os espécimes conservados foram examinados num microscópio estéreo com zoom (Leica-MS5) no laboratório para identificação taxonómica. As aranhas foram identificadas até ao nível da espécie com a ajuda da literatura disponível (Sebastian & Peter, 2009). Foram mantidos registos de campo durante todo o período de estudo. Os dados da recolha de campo também foram utilizados para calcular a riqueza de espécies, a diversidade de espécies e a abundância relativa das aranhas dominantes presentes em diferentes locais e estações do ano.

Estudos sobre a estrutura dos grémios: As caraterísticas ecológicas relacionadas com a forma de forrageamento, a natureza da teia, as espécies de presas, a utilização de micro-habitats e o padrão de atividade diária ao nível da família foram submetidas a uma classificação de grupos. O resultado da análise foi organizado sob a forma de gráficos. A designação do grémio de aranhas baseou-se nas caraterísticas ecológicas conhecidas para a família (Young & Edwards, 1990).

RESULTADO

Foi recolhido um total de 63 espécies de aranhas pertencentes a 42 géneros de 14 famílias durante o período de estudo (Tabela 1). Das 14 famílias recolhidas durante o estudo, a família Araneidae foi a família dominante com 17 espécies pertencentes a 10 géneros. A família Salticidae foi a segunda família dominante com 11 espécies pertencentes a 11 géneros. A família Tetragnathidae é a terceira família dominante com 7 espécies pertencentes a 4 géneros. Oxyopidae e Thomisidae são as famílias dominantes seguintes, com 6 espécies cada e 1 e 3 géneros, respetivamente. Outras famílias, como Lycosidae, registaram 4 espécies, Sparassidae registou 3 espécies. Nephilidae e Pholcidae com 2 espécies cada. Famílias como Lycosidae tem 2 géneros, Sparassidae 3 géneros, Nephilidae 2 géneros e Pholcidae 1 género. Clubionidae, Eresidae, Hersiliidae, Miturgidae e Theridiidae com 1 espécie cada.

Quadro 1. Famílias, géneros, espécies e grupos de aranhas registados no santuário de Chulannur Peafowl

Sl.No.	FAMILY	GENERA	SPECIES	GUILD
1	ARANEIDAE Simon, 1895	10	17	Orb weavers
2	CLUBIONIDAE Wagner, 1887	1	1	Foliage runners
3	ERESIDAE CL Koch 1851	1	1	Sheet web builders
4	HERSILIIDAE Thorell, 1870	1	1	Ambushers
5	LYCOSIDAE Sundevall, 1833	2	4	Ground runners
6	MITURGIDAE Simon, 1885	1	1	Foliage runners
7	NEPHILIDAE Simon, 1894	2	2	Orb weavers
8	OXYOPIDAE Thorell, 1870	1	6	Stalkers
9	PHOLCIDAE C. L. Koch, 1851	1	2	Sheet web builders
10	SALTICIDAE Blackwall, 1841	11	11	Stalkers
11	SPARASSIDAE Bertkau, 1872	3	3	Ambushers
12	TETRAGNATHIDAE Menge, 1866	4	7	Orb weavers
13	THERIDIIDAE Sundevall, 1833	1	1	Sheet web builders
14	THOMISIDAE Sundevall, 1833	3	6	Ambushers

As aranhas recolhidas durante o estudo foram divididas em 6 grupos ecológicos com base no modo de alimentação das aranhas (Figura 1). Das 63 espécies de aranhas recolhidas no santuário de aves marinhas de Chulannur, a maioria das espécies (41%) pertence à categoria "tecelões de orbes". O segundo grémio dominante foi o das "perseguidoras" (27%). Outros grupos são os "Ambushers" (16%), os "Sheet web builders" (6%), os "Ground runners" (6%) e os "foliage runners" (4%).

Figura 1. Estruturas da guilda de aranhas recolhidas no santuário de Chulannur Peafowl

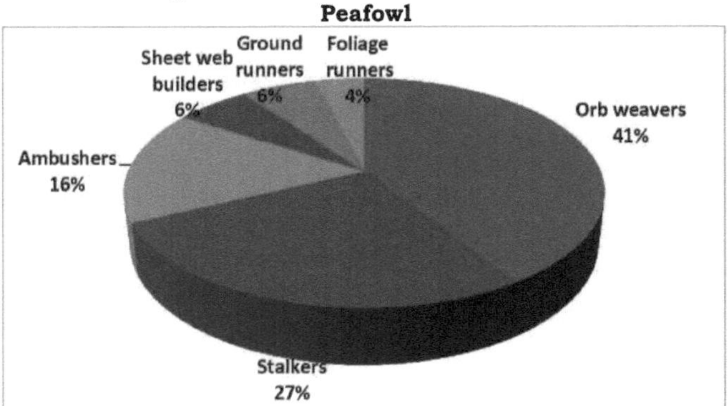

DISCUSSÃO

O presente estudo constitui a primeira documentação exaustiva da fauna de aranhas do Santuário de Chulannur Peafowl. Hawksworth & Kalin Arryo (1995) provaram que a diversidade aumenta geralmente quando está presente uma grande variedade de tipos de habitat. Os habitats muito variados proporcionam um maior leque de micro-habitats, caraterísticas microclimáticas, fontes de alimentação alternativas, locais de retiro e locais de fixação de teias, o que favorece a colonização e o estabelecimento de aranhas. Em 1991, Uetz referiu que um arbusto estruturalmente mais complexo pode suportar uma comunidade de aranhas mais diversificada.

Foram estudados os diferentes habitats, tais como, área florestal, arbustos, área de bambu, jardim de borboletas e jardim medicinal. Estes habitats permitem variar a composição das espécies. O primeiro habitat dominante é a zona de bambu, que contém um maior número de espécies da família Aranediae, e o segundo habitat dominante é a zona florestal, que representa um maior número de espécies da família Tetragnathidae. Os arbustos contêm um maior número de espécies da família Salticidae. O borboletário e o jardim medicinal fornecem mais espécies da família Aranediae. Também foi observada uma elevada ocorrência de espécies na estação de novembro a janeiro. Araneidae é a maior família de aranhas que constroem teias orbitais. A dominância desta família na área de estudo está diretamente relacionada com a arquitetura da vegetação. A arquitetura da vegetação desempenha um papel importante na composição das espécies encontradas num habitat (Rypstra et al., 1999), e a vegetação que é estruturalmente mais complexa pode sustentar uma maior abundância e diversidade de aranhas (Andrew & Hughes, 2004).

Estudos demonstraram que existe uma correlação entre a complexidade estrutural do habitat e a diversidade de espécies (Andow 1991). Uetz (1991) sugere que plantas estruturalmente mais complexas podem suportar uma comunidade de aranhas mais diversificada. Downie et al. (1999) e New (1999) demonstraram que as aranhas são extremamente sensíveis a pequenas alterações na estrutura do habitat, incluindo a complexidade do habitat e as caraterísticas microclimáticas. Assim, a estrutura física dos ambientes tem uma influência importante nas preferências de habitat das espécies de aranhas, especialmente das espécies que constroem teias (Hurd & Fagan, 1992). A estrutura da vegetação parece influenciar a composição das aranhas a nível das famílias, uma vez que famílias semelhantes se agrupam num tipo de habitat semelhante. Na Área de Conservação do Terai, Hore & Uniyal (2010) descobriram que a heterogeneidade do habitat é mediada em grande parte pela diversidade estrutural da vegetação e não pela variação microclimática.

Foram documentadas muitas ameaças à diversidade de aranhas. A principal ameaça é a perda e a degradação do habitat devido à desflorestação, à agricultura, ao pastoreio e à urbanização. O maior obstáculo à conservação das aranhas é a falta de apoio do público, provavelmente devido ao medo e à ignorância. A conservação das aranhas exige, portanto, uma maior compreensão por parte do público em geral, dos cientistas, dos gestores de terras e dos conservacionistas sobre a importância de conservar estas criaturas fascinantes (Sebastian & Peter, 2009). A descrição da diversidade de aranhas em grupos permite uma melhor compreensão de como as diferenças de habitat se podem refletir nas estratégias de história de vida (Lee & Kim, 2003). Os grupos são agrupamentos ecológicos de organismos que exploram um recurso único ou similar de forma semelhante (Root, 1967). Recentemente, as aranhas foram subdivididas em sistemas de guildas cada vez mais finos (Uetz, 1991). Por conseguinte, a documentação dos padrões de diversidade de aranhas pode fornecer informações importantes sobre a biodiversidade deste ecossistema florestal tropical. As aranhas, enquanto grupo, podem mesmo fornecer instrumentos de conservação úteis como indicadores ecológicos na medição rápida da biodiversidade; existe uma necessidade urgente de fornecer recursos taxonómicos para grupos de ecossistemas tropicais, tendo em conta a atual crise global da biodiversidade.

CONCLUSÃO

Durante o estudo, foi recolhido um total de 63 espécies de aranhas pertencentes a 42 géneros de 14 famílias. Das 14 famílias recolhidas durante o estudo, a família Araneidae foi a família dominante com 17 espécies pertencentes a 10 géneros. O estudo revela uma composição de espécies mais ou menos variada e diversificada em relação a vários habitats, pondo em evidência a influência da alteração do tipo de vegetação na fauna de aranhas e também informações de base sobre a ecologia, a importância e as ameaças enfrentadas pelas espécies de aranhas. O projeto pretende criar dados primários sobre as aranhas desta região, abrindo caminho para mais investigação sobre o tema. Os dados produzidos sob a forma de uma lista de controlo serão de grande ajuda para quem estiver interessado em explorar a diversidade de aranhas desta região. Há falta de informação sobre a ecologia e a taxonomia das aranhas indianas. No entanto, as aranhas podem ser utilizadas como espécies indicadoras (Kapoor, 2008; Noss, 1990). Certos factores, como a sua distribuição e relação com os vários habitats e as suas respostas a diferentes perturbações, dificultam a sua utilização como espécies indicadoras. O estudo apresenta informações relacionadas com a distribuição e a diversidade, a riqueza e a regularidade das espécies num determinado habitat.

REFERÊNCIAS

Coddington J. A. & H. W. Levi. 1991. Systematics and evolution of spiders (Araneae). *Ann. Rev. Ecol. Syst.*, 22:565-592.

Hawksworth, D. L. & M. T. Kalin Arryo. 1995. Magnitude e distribuição da biodiversidade. Em *Global biodiversity assessment.* (Ed.) Heywood, V.H. UNEP. Cambridge Uvty. Press, Londres. 200pp.

Hore U. & Uniyal, V.P. 2010. Influência do espaço, estrutura da vegetação e microclima na composição de espécies de aranhas (Araneae) na Área de Conservação de Terai, Índia. In: Nentwig, W., Entling, M. e Kropf, C. (eds.). *Museu de História Natural,* Berna. 71-77.

Magurran A. E. 1988. Ecological diversity and its measurement. Nova Jersey, Princeton University Press, 255 p.

Novo T.R. 1999. Untangling the web: spiders and the challenges of invertebrate conservation (Desemaranhando a teia: aranhas e os desafios da conservação de invertebrados). *Journal of Insect Conservation,* 3:251-256.

Riechert S.E. & T. Lockley 1984. Spiders as biological control agents. *Ann. Rev. Entomol;* 29: 299-320.

Sebastian P.A & Peter K.V. 2009. Spiders of India. University Press Pvt. Ltd. Hyderabad, Índia.

Tikader B.K. 1987. A hand book on Indian spiders.ZSI.350 pp.

Uetz G. W. 1991. Habitat structure: the physical arrangement of objects in space. Londres, Chapman andHall, 348 p.

Young O.P. & G. B. Edwards 1990. Spiders in United States field crops and their potential effect on crop pests. *J. Arachnol,* 18:1-27.

Capítulo 18

ESTUDO DAS ALTERAÇÕES COMPORTAMENTAIS DURANTE O SONO EM ALGUNS PEIXES SELECCIONADOS

Sanila M.S. e Vimala K. John

Departamento de Investigação e Pós-Graduação em Zoologia
St. Thomas' College (Autónomo), Thrissur-1, Kerala

RESUMO

O sono é um processo biológico fundamental conservado em todo o reino animal. A função do sono continua a ser um enigma central da biologia moderna. A maioria dos animais dorme, e os peixes não são diferentes. A quantidade de tempo que um peixe dorme depende da espécie. O presente estudo foi realizado para compreender a importância de determinar e avaliar o ritmo circadiano em peixes, embora possam ser modulados por sinais externos como a luz e a temperatura. Neste contexto, o objetivo deste estudo foi observar o sono e o efeito da luz, temperatura, disponibilidade de alimento, de peixes selecionados, *Carassius auratus* e *Cryprinus carpio.* Os dados acumulados até à data mostram que o repouso nos peixes tem semelhanças fundamentais com a manifestação comportamental do sono nos vertebrados superiores. De forma análoga ao sono dos mamíferos, os peixes apresentam uma recuperação compensatória do repouso, reduzindo a atividade locomotora após um período de privação de repouso, o que sugere que os peixes exercem um controlo homeostático do comportamento de repouso. Além disso, o repouso nos peixes é regulado pelo sistema circadiano, uma vez que a redução periódica da atividade locomotora e o aumento do limiar de excitação, mantidos em escuridão constante, ocorrem durante a noite subjectiva. Os ciclos claro-escuro, os padrões de disponibilidade de alimentos e as variações diárias de temperatura são observados neste estudo. Trata-se de uma observação orientada, mas é preciso ter cuidado durante a noite. A incidência de uma luz forte sobre um peixe durante a noite pode, por vezes, causar um efeito em que o peixe, que de outra forma estaria ativo, deixa de se mover e afunda-se no fundo. Tanto as espécies diurnas como as nocturnas ficam imobilizadas e podem mesmo ser aproximadas e tocadas pelo feixe de luz durante a noite. Tanto as espécies diurnas como as nocturnas reagem desta forma, sugerindo efeitos diretos da luz.

Palavras-chave: Peixe, sono, locomoção, comportamento, *Carassius auratus, Cyprinus carpio*

INTRODUÇÃO

O sono é um fenómeno comportamental e fisiológico universal nos vertebrados e é provável que partilhe funções e mecanismos básicos com comportamentos de repouso periódico mais simples nos não vertebrados. O sono é descrito como um período de repouso em que os olhos estão fechados e há pouco pensamento ou movimento. Os peixes dormem com os olhos abertos, porque não têm pálpebras (exceto em alguns tubarões) para fechar. A consistência dos padrões de atividade também é encontrada em muitas espécies de peixes (Helfman, 1993), mas certamente não em todas. Num número razoável de espécies de peixes, alguns indivíduos são diurnos enquanto outros são noturnos. Por vezes, os mesmos indivíduos podem ser diurnos no início e depois mudar para o nocturnismo em apenas alguns dias. Por esta razão, diz-se frequentemente que os padrões de atividade dos peixes são plásticos (Ali 1992). Vários estudos referem que tanto as espécies diurnas como as nocturnas se imobilizam e podem mesmo ser aproximadas e tocadas pelo feixe de luz durante a noite (Honson, 1965;

Emery, 1973). O trabalho sugere que os peixes são mais capazes de usar sinais de luz para se manterem acordados durante o dia do que os mamíferos, sugerindo que a evolução produziu diferentes sistemas de regulação do sono em diferentes grupos de animais. Neste contexto, o objetivo do estudo é observar as alterações comportamentais e a duração do sono dos peixes *Carassius auratus* (peixe dourado) e *Cyprinus carpio* (carpa) em diferentes condições de luminosidade, como a luz e a escuridão, e também determinar as posições de sono dos peixes. É importante determinar se o comportamento de repouso dos peixes jovens e adultos apresenta semelhanças essenciais com o sono.

METODOLOGIA

Organismo estudado: Os estudos foram efectuados em duas espécies de peixes. *Carassius auratus* (Actinopterygii, Cypriniformes, Cypriniformes, Cyprinidae, *Carassius*) é o peixe de aquário mais comum. Nativo da Ásia, foi domesticado e desenvolvido em muitas raças ornamentais para aquários e jardins aquáticos (Fig. 1). A carpa comum *Cyprinus carpio* (Actinopterygii, Cyprinidae, Cyprinus) é um peixe de água doce muito difundido e foi domesticado na Europa e na Ásia (Fig. 2).

Os peixes adultos jovens foram utilizados para a caraterização do sono. Foram colocados em aquários de vidro transparente. Foram mantidas diferentes condições de luz no aquário, como luz normal e escuridão. As observações aleatórias são utilizadas para verificar o sono em diferentes períodos de tempo e também para descobrir a postura corporal dos peixes durante o sono. O método é a observação direta, mas é preciso ter cuidado durante a noite. Nesta experiência são utilizadas principalmente fontes de luz LED. Exceto em alturas aleatórias para alimentação e substituição de plantas durante a experiência. O facto de os peixes se esconderem em tubos escuros durante os seus dias subjectivos, aliado à sua extrema sensibilidade à luz.

RESULTADOS E DISCUSSÃO

Ambos os organismos estudados apresentaram um comportamento de sono. *O Carassius auratus*, mantido em escuridão constante, apresenta uma redução compensatória da atividade locomotora e um aumento do limiar auricular após uma depressão de repouso e também não dorme necessariamente à noite, mas prefere dormir quando está escuro. Normalmente, os peixes dourados dormem numa determinada parte do aquário, movendo-se apenas ligeiramente para se manterem estáveis. Muitas vezes dorme numa parte mais baixa do aquário (Fig. 3), perto das decorações do aquário. Quando o peixe dourado dorme, a sua cor desvanece-se ligeiramente e não se mexe muito. O sono do *Carassius auratus* está relacionado com a duração do tempo e com as diferentes condições de luz (Fig. 3). *Os Cyprinus carpio* quando estão a dormir relaxam os músculos das barbatanas, pelo que a barbatana dorsal tende a ficar plana e os peixes repousam no fundo do aquário ou perto dele, tendo-se verificado também uma diminuição da frequência respiratória e do movimento dos olhos (Fig. 4). Se a privação de sono durar mais tempo, durante muitas horas ou mesmo dias, num ciclo claro-escuro. O gráfico ajuda a compreender que os peixes dourados não dormem necessariamente à noite, mas preferem dormir quando está escuro e também que as carpas comuns dormem melhor no escuro do que em ambientes bem iluminados.

O resultado de uma avaliação aprofundada do comportamento de repouso, da inatividade prolongada, de uma postura de repouso particular, da diminuição da sensibilidade às perturbações e ao ambiente, da diminuição dos movimentos da boca, das brânquias e dos olhos e também de uma frequência respiratória mais baixa seria identificado.

Figura 1. *Carassius auratus* Figura 2. *Cyprinus carpio*

Figura 3. Posição de dormida de *Carassius auratus*

Figura 4. Posição de dormida de *Cyprinus carpio*

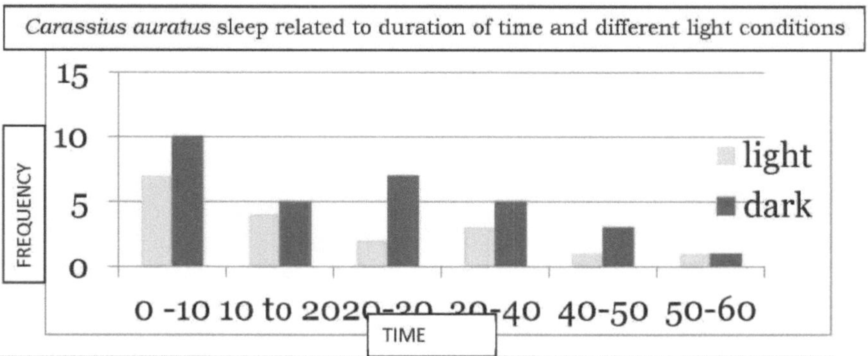

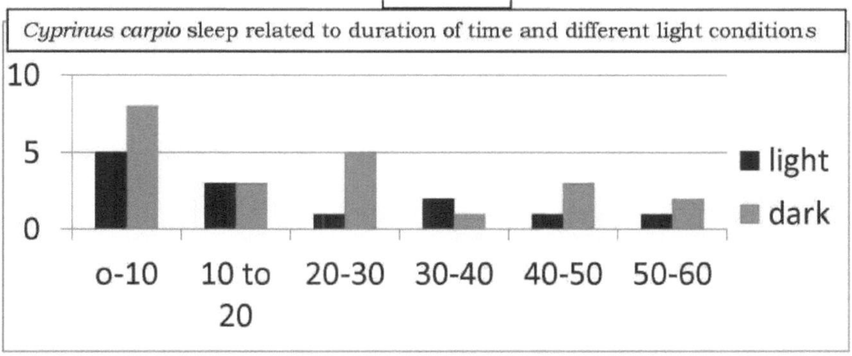

REFERÊNCIAS

Ancoli I.S. 2009. O sono e seus distúrbios no envelhecimento populacional. *Sleep Med.*10: 7-11.

Campbell S. S. & Tobler I. 1984. Animal sleep: A review of sleep duration across phylogeny. *Neuroscience and Biobehavioral Reviews, 8*(3): 269300.

Curcio G., Ferrara M. & De Gennaro L. 2006. Perda de sono, capacidade de aprendizagem e desempenho académico. *Sleep Medicine Reviews.*

Karmanova I. G. & Lazarev S. G. 1979. Etapas da evolução do sono (factos e hipóteses).

Kavanau J.L. 1998. Vertebrados que nunca dormem: Implicações para a função básica do sono. *Boletim de Investigação do Cérebro.*

Nelson J.S. 2006. *Fishes of the world. Boletim de Ciências Marinhas* (Vol. 3ª ed.).

Reebs S.G. 2002. Plasticity of diel and circadian activity rhythms in fishes (Plasticidade dos ritmos de atividade diurna e circadiana nos peixes). *Reviews in Fish Biology and Fisheries, 12*(4):349-371.

Reynolds A.C. & Banks S. 2010. Total sleep deprivation, chronic sleep restriction and sleep disruption (privação total do sono, restrição crónica do sono e perturbação do sono). *Progress in Brain Research, 185:* 91-103.

Walker M.P. & Stickgold R. 2004. Sleep-dependent learning and memory consolidation (Aprendizagem dependente do sono e consolidação da memória). *Neuron Waking. Sleeping, 3*(2), 137-147.

Yokogwa T. 2017. Caracterização do sono em zebrafish e insomania em mutantes do recetor de hipocertina. *PLoS ONE.*

Capítulo 19

UM ESTUDO SOBRE ÁCAROS PREDADORES (ACARI: PROSTIGMATA: CHEYLETIDAE) QUE HABITAM PLANTAS MEDICINAIS NO NORTE DE KERALA

P.P. Santhosh[1*] , **M.P. Rahul**[2] **e Mary Anithalatha Sadanandan**[2]
[1] Departamento de Zoologia, Sreekrishna College, Guruvayur, Thrissur, Kerala - 680102 [2]P.G. & Research Department of Zoology, Malabar Christian College, Calicut, Affiliated to University of Calicut, Kerala, 673001
santhuptb@yahoo.com

RESUMO

Uma pesquisa sobre ácaros predadores que habitam plantas medicinais do norte de Kerala durante o período de agosto de 2014 a dezembro de 2016 relatou 9 espécies de ácaros Cheyletid em 3 gêneros *viz.*, *Cheyletus, Cheletomimus* e *Hemicheyletia,* que vem sob a subordem Prostigmata, dos quais 4 eram novos para a ciência e 2 espécies eram novos relatórios da Índia.

Palavras-chave: Ácaro predador, Cheyletidae, Kerala, Índia, espécie nova

INTRODUÇÃO

Os ácaros predadores merecem uma atenção especial devido ao seu papel vital na manutenção da população de pragas abaixo do nível de prejuízo económico. Leach (1815) criou a família Cheyletidae. Estão associados ao parasitismo com mamíferos, aves e parasitas ou são predadores de vida livre encontrados na folhagem, solo, casca de árvores, folhagem, ninhos de aves, animais e no pó doméstico. Fain *et al.* (1997) estudaram a chaetotaxia e a solenidiotaxia dos ácaros quelíceros. A primeira análise filogenética da família Cheyletidae foi efectuada por Bochkov e Fain (2001). Apenas alguns ácaros quelíceros foram registados em Kerala. Mary Anitha (2002) descreveu 6 ácaros Cheyletida de Kerala, dos quais 3 eram espécies novas. Ramaraju & Mohanasundaram (2009) descreveram dois novos ácaros quelíceros associados a abelhas carpinteiras de Tamil Nadu. De acordo com Zhang *et al.* (2011), a família Cheyletidae inclui atualmente mais de 440 espécies em 75 géneros.

MATERIAIS E MÉTODOS

Os espécimes em estudo foram recolhidos de folhas infestadas de plantas medicinais no norte de Kerala. As partes das plantas recolhidas foram examinadas ao microscópio estereoscópico Magnus. Os ácaros foram apanhados com uma escova de pelo de camelo e foram preparadas lâminas permanentes em meio de Hoyer (Haderson, 2001). A terminologia utilizada para as cerdas do corpo segue Fain (1979) e Gerson (1994). Os termos morfológicos são adoptados de Volgin (1969) e Summers e Price (1970). Todas as medidas são dadas em microns. Todos os espécimes-tipo são mantidos no P.G. & Research Department of Zoology, Malabar Christian College, Calicut e serão depositados nas National Zoological Collections of the Zoological Survey of India, Kolkata, Índia.

RESULTADOS E DISCUSSÃO

Os resultados do estudo revelaram a ocorrência de 9 espécies de ácaros pertencentes a 3 géneros, *nomeadamente Cheyletus, Cheletomimus* e *Hemicheyletia,* na subordem Prostigmata (quadro 1). No género *Cheyletus,* foi registada uma nova espécie nos distritos de Kozhikode e Wayanad. Entretanto, no género *Cheletomimus* foi registada uma única espécie, nova para a ciência. O género *Hemicheyletia* representava 7 espécies das 9 registadas, das quais 2 espécies eram novas e 2 espécies, *Hemicheyletia cordovensis* (De Leon) e *Hemicheyletia serrula* Summers e Price, eram novas espécies registadas na Índia num novo habitat.

Quadro I. Distribuição dos ácaros quelíceros relativamente às plantas hospedeiras em várias localidades do Norte de Kerala.

	FAMILY: CHEYLETIDAE Leach, 1815			
Sl. No.	**Species**	**Host plant**	**Location**	**District**
1	*Cheyletus sp.* nov. I.	*Syzygium samarangense* (Blume)	Kunduparamba Thekkumthara	Kozhikode, Wayanad
2	*Cheletomimus* sp. nov. II.	*Solanum melongena* L.	Mankavu, Thekkumthara	Kozhikode, Wayanad
3	*Hemicheyletia* sp. nov. III.	*Solanum melongena* (L.)	Thekkumthara	Wayanad
4	*Hemicheyletia congensis* (Cunliffe), 1962	**Solanum melongena* L.	Mankavu Parappangadi Thekkumthara	Kozhikode, Malappuram, Wayanad
5	*Hemicheyletia cordovensis* (De Leon), 1962.	**Averrhoa bilimbi* L.	Herbal garden, Malabar Christian College Vilayur Pariyaram	Kozhikode Palakkad, Kannur
6	*Hemicheyletia* sp. nov. IV.	*Benincasa hispida* (Thunb)	Kadalundi	Kozhikode
7	*Hemicheyletia serrula* Summers and Price 1970	**Wrightia tinctoria* (Roxb)	Calicut University, Botanical Garden, Ottapalam Panathur	Malappuram Palakkad, Kazargod
8	*Hemicheyletia volgini* (Cunliffe), 1962.	**Solanum melongena* L.	Thekkumthara Ramanattukara	Wayanad Kozhikode
9	*Hemicheylitia wellsi* (Baker), 1949.	**Solanum melongena* L.	Mankavu, Kondotty	Kozhikode, Malappuram

* Nova planta hospedeira

RECONHECIMENTO

Gostaríamos de expressar a nossa gratidão ao Diretor e ao Gerente do Malabar Christian College, Calicut, pelas instalações disponibilizadas. Estamos em dívida para com o Dr. S.K. Gupta, Jt. Diretor (Retd.) do ZSI, Calcutá, pela confirmação da nova espécie. O primeiro autor agradece também à U.G.C., Nova Deli, pela ajuda financeira concedida no âmbito do FDP.

REFERÊNCIAS

Bochkov A.V. & Fain A. 2001. Phylogeny and system of the Cheyletidae (Acari: Prostigmata) with special reference to their host-parasite associations. *Bulletin del'Institut Royal des Sciences Naturelles de Belgique Entomologie,* 71: 5-36.

Fain A, 1979. Idiosomal and leg chaetotaxy in the Cheyletidae. *International Journal of Acarology,* 5: 305-310.

Fain A., Smiley R.L. & Gerson U. 1997. New observations on the chaetotaxy and the solenidiotaxy in the Cheyletidae (Acari: Prostigmata). *Bulletin de l'Institut Royal des Sciences Naturelles de Belgique Entomologie,* 67: 65-87.

Gerson U. 1994. The Australian Cheyletidae (Acari: Prostigmata). *Invertebrate Taxonomy,* 8:435-447.

Haderson R.C. 2001. Técnica de montagem posicional de lâminas de Acari. *Systematic and Applied Acarology* Special publications 7:1-4.

Leach W.E. 1815. A tabular view of the external characters of animals, which Linne arranged under Insecta etc. *Transactions of the Linnean Society of London,* 11: 306-400.

Mary Anithalatha S. 2002. Studies on Acarine predators of North Kerala, India, Tese de doutoramento, Universidade de Calicut, Kerala.

Ramaraju K. & Mohanasundaran M. 2009. Dois novos ácaros quelíticos (Acari: Cheyletidae) de Tamil Nadu, Índia. *Internat. J. Acarol,* 25 (2): 121-127.

Summers F.M. & Price D.W. 1970. Revisão da família dos ácaros Cheyletidae.Univ. Calif: Publ. 95pp.

Volgin V.1. 1969. Acarina da família Cheyletidae, fauna mundial. *Operedel Fauna S.S.R.,* 101: 1-432.

Zhan, Z.Q., Fan Q.H., Pesic V., Smit H., Bochkov A.V., Khaustov A.A., Baker A., Wohltmann A., Wen T., Amrine J.W., Beron P., Lin J., Gabrys G. & Husband R. 2011. Ordem Trombidiformes Reuter, 1909. Biodiversidade animal: classificação de nível superior e levantamento da riqueza taxonómica. *Zootaxa,* 3148:129-138.

Capítulo 20

UM ESTUDO PRELIMINAR SOBRE A DIVERSIDADE DE INSECTOS QUE HABITAM EM BURACOS DE ÁRVORES EM ÁREAS SELECCIONADAS DE PUTHUR PANCHAYATH, DISTRITO DE THRISSUR, KERALA

Sneha A.A. e Francy K. Kakkassery

Departamento de Investigação e Pós-graduação em Zoologia,
St. Thomas' College (Autónomo), Thrissur-1, Kerala
aasneha25@gmail.com

RESUMO

As cavidades naturais das árvores são microhabitats importantes para diferentes tipos de fauna e flora, e estão a ser utilizadas como locais de reprodução de pequenos organismos. O estudo acima referido foi realizado em áreas selecionadas da divisão florestal de Marottichal, uma parte dos Ghats Ocidentais, de Puthur Panchayath, Thrissur, Kerala. Foram encontrados e observados 50 buracos de árvores em vários tipos de árvores, numa área de 3 km2, onde *Hydnocarpus pentandra* (árvore Marroty) era dominante. As recolhas de organismos foram efectuadas periodicamente durante as estações das chuvas e da seca (monção e pós-monção). Os insectos foram o grupo mais dominante presente nestes microhabitats. Nas colecções húmidas, os grupos de insectos predominantes foram as larvas de mosquitos (Dipterans) e os escaravelhos (Coleoptera) e nas secas foram dominantes as formigas (Hymenoptera), as térmitas (Isoptera) e os escaravelhos (Coleoptera). Este estudo esclarece a diversidade e as estratégias de sobrevivência dos insectos que se adaptaram para se reproduzirem e completarem o seu ciclo de vida numa pequena quantidade de água existente nas cavidades naturais das árvores durante o curto período da monção e do período pós-monção.

Palavras-chave: Diversidade, inseto, buracos de árvores, floresta

INTRODUÇÃO

Os insectos são o maior e mais diversificado grupo de organismos existentes na Terra atualmente. Há mais de um milhão de espécies diferentes de insectos registadas em diferentes partes do mundo. Estes organismos de seis patas e duas asas emparelhadas estão na Terra há mais de 200 milhões de anos, sendo muito bem sucedidos na adaptação a locais desde as nascentes quentes até aos resíduos gelados da Antárctida (Maurice & Burton, 1975).

Os insectos podem ser encontrados tanto em habitats aquáticos como terrestres. Os habitats aquáticos são águas lênticas ou lóticas. A maior diversidade de insectos deve-se principalmente à sua capacidade de adaptação a diferentes condições ecológicas. No entanto, em alguns insectos, os adultos são terrestres e o crescimento das larvas depende de habitats aquáticos, principalmente de água doce.

Os insectos aquáticos são uma fração menor de todos os insectos, provavelmente não ultrapassando 3-5% de todas as espécies. Os insectos divergiram na sua estrutura, habitats, reprodução, alimentação, adaptação, etc. Os insectos aquáticos apresentam uma adaptação especial para locomoção, respiração, reprodução e osmorregulação num meio limitado. Alguns insectos utilizam o habitat aquático apenas durante os seus períodos de reprodução.

Os insectos podem ser encontrados em diferentes tipos de habitats, como lagos, lagoas, piscinas, rochas, mar, solo, etc. Por vezes, a água acumula-se em certas pequenas depressões naturais formadas por partes de plantas vivas ou mortas, e estes pequenos reservatórios proporcionam um ambiente aquático especial (microhabitats) habitado por várias espécies de insectos. O termo 'fitotelemata' foi introduzido pela primeira vez por Varga (1928) para descrever a água retida pelas plantas. Os buracos de árvores com habitats aquáticos foram classificados na categoria geral de fitotelemata (Kitching, 1971). Trata-se de microhabitats importantes que contêm diferentes tipos de fauna e flora e que têm sido utilizados como local de reprodução de pequenos organismos. Os habitats dos buracos das árvores foram formados por factores intrínsecos ou extrínsecos, como a quebra pelo vento, o fogo florestal, a escavação de buracos por organismos como os bichos-da-madeira, lesões causadas por insectos ou micróbios (Kitching, 1971). A água da chuva fica retida nos buracos das árvores durante alguns dias, constituindo um bom local de reprodução para muitos insectos.

Os insectos encontrados em buracos de árvores são classificados em três grupos: (1) permanentes, (2) temporários, (3) acidentais. Os buracos de árvores cheios de água são formados pela recolha de água da chuva em cavidades naturais que ocorrem na parte lenhosa acima do solo (Kitching, 1971). Existem em florestas de folhosas em todo o mundo e são os sistemas de água parada mais abundantes em algumas florestas tropicais. As cavidades nas árvores variam em forma e tamanho. Com base na morfologia dos treeholes, eles foram classificados como: 1. Orifícios em forma de panela (área de abertura maior do que a profundidade) 2. Orifícios em forma de taça (profundidade maior do que a abertura) e 3. Orifícios de fenda (abertura estreita) (Fincke, 1992).

MATERIAIS E MÉTODOS

Área de estudo: A área de estudo foi confinada a zonas selecionadas de Puthur panchayath (floresta de Marottichal), uma pequena aldeia situada na parte oriental de Thrissur, uma parte dos Ghats ocidentais. Marottichal é uma área florestal de reserva que contém diferentes tipos de fauna e flora, em que *Hydnocarpus pentandra* (planta Marroty) é dominante e crê-se que o nome deriva da predominância das árvores acima mencionadas nesta região florestal.

Recolha de dados: Na estação das chuvas, mediu-se a quantidade de água presente nos buracos das árvores. Os dados foram gerados por amostragem periódica (uma vez por semana durante 6 meses). A abordagem mais comum foi a recolha da água com detritos e resíduos. Cada buraco foi lavado com uma certa quantidade de água para desalojar os insectos e retirá-los para amostragem. Em seguida, transferia-se para frascos de amostragem e levava-se para o laboratório para posterior análise taxonómica.

RESULTADOS E DISCUSSÃO

Foram recolhidas 7 ordens de insectos na área de estudo, das quais 6 ordens são comuns tanto na estação seca como na estação das chuvas, exceto Dermapterans (apenas na estação das chuvas) (Fig. 1). O estudo da abundância relativa mostra que os dípteros (49,53%) e os coleópteros (28,03%) foram mais abundantes durante a estação das chuvas, em comparação com as outras ordens. Durante a estação seca, os himenópteros (29,7%) e os isópteros (31,6%) foram abundantes. Os dermápteros (0,93%) apresentam a menor abundância relativa (Fig. 2). Os índices de dominância variaram de 0 a 1. O intervalo de dominância na área de estudo durante os diferentes meses foi entre 0,18 e 0,49. Ao examinar o valor da dominância (junho: 0.18; julho: 0.46; agosto: 0.49; setembro: 0.254; outubro: 0.252; novembro: 0.21), mostra que agosto (0.49) tem a dominância mais alta e junho (0.18) mostra a dominância mais baixa (Fig. 3).

Os índices de diversidade de espécies são uma ferramenta para o estudo da estrutura e estabilidade da comunidade. O intervalo do índice de Shannon obtido situa-se entre 0,85 e 1,77. Ao analisar o valor do índice de Shannon dos diferentes meses, verifica-se que junho (1,77) tem o valor mais elevado e o mais baixo é obtido em agosto (0,87). Assim, conclui-se que junho tem o índice de Shannon mais elevado, mas o valor de dominância mais baixo. agosto tem a dominância mais elevada e o índice de Shannon mais baixo, o que indica que a dominância é inversamente proporcional à diversidade (Fig. 3).

A diversidade de espécies depende da equidade das espécies. A equidade é a medida da distribuição uniforme da abundância entre as espécies. A equidade máxima ocorre quando todas as espécies são igualmente abundantes. A equidade mínima ocorre quando a maioria dos indivíduos de uma comunidade pertence a uma única espécie. A equitabilidade dos diferentes meses na área de estudo varia entre 0,599 e 0,859, sendo a equitabilidade mais elevada em setembro e a mais baixa em agosto (Fig. 3).

A dominância da comunidade de insectos é elevada durante as estações chuvosas (0,33) em comparação com as estações secas (0,22). O índice de Shannon é elevado durante as estações secas (1,61) em comparação com a estação das chuvas (1,35). A uniformidade também é alta durante as estações secas (0,83) e baixa nas estações chuvosas (0,55). Estes resultados indicam que, durante as estações das chuvas, a dominância é elevada e a diversidade e a regularidade são baixas. Mas nas estações secas a dominância é baixa e a diversidade e a equitabilidade são altas (Fig. 4).

A diversidade total de insectos na área de estudo selecionada é baixa, o intervalo do índice de Shannon situa-se entre 1,5 e 3. Na área de estudo, 1,35 é o valor máximo do índice de Shannon obtido durante a estação das chuvas e 1,61 é o valor máximo obtido na estação seca. Isto indica que a diversidade de insectos é baixa na área de estudo selecionada. Aqui a identificação foi feita apenas até ao nível da ordem, as ordens identificadas eram grupos maiores, quando identificadas até ao nível da espécie a diversidade também pode ser aumentada (Fig. 4).

Figura 1. Distribuição do número de ordens e de indivíduos nas diferentes estações do ano

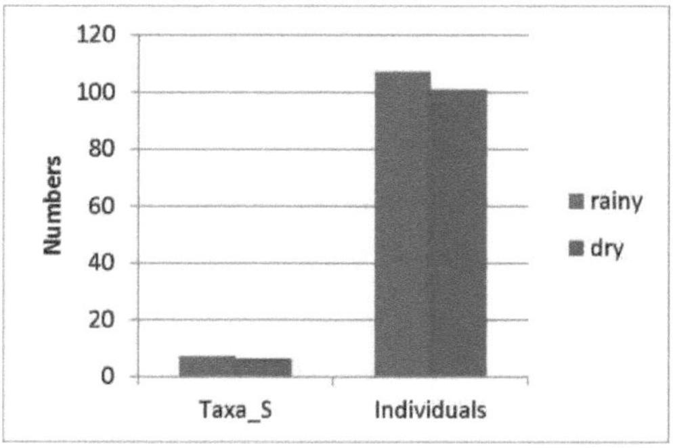

Figura 2. Abundância relativa das diferentes ordens nas estações seca e chuvosa

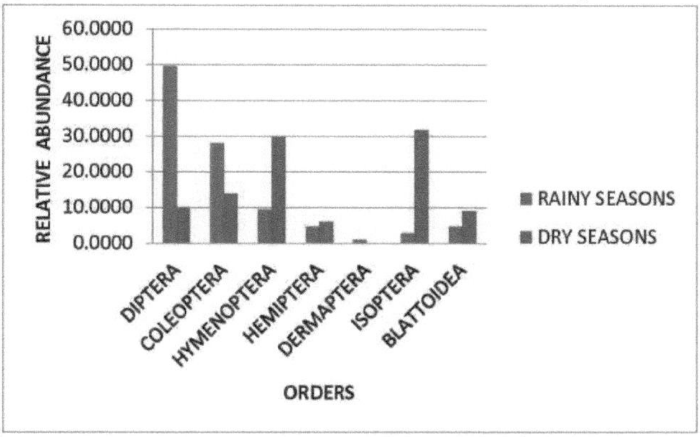

Figura 3. Índice de diversidade alfa da comunidade de insectos em diferentes meses

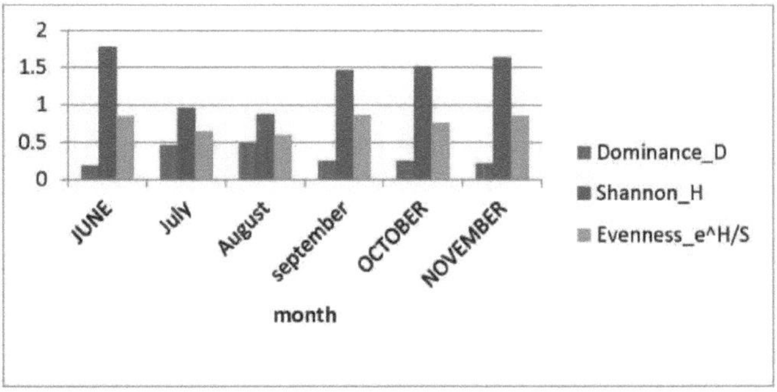

Figura 4. Índice de diversidade alfa nas estações seca e chuvosa

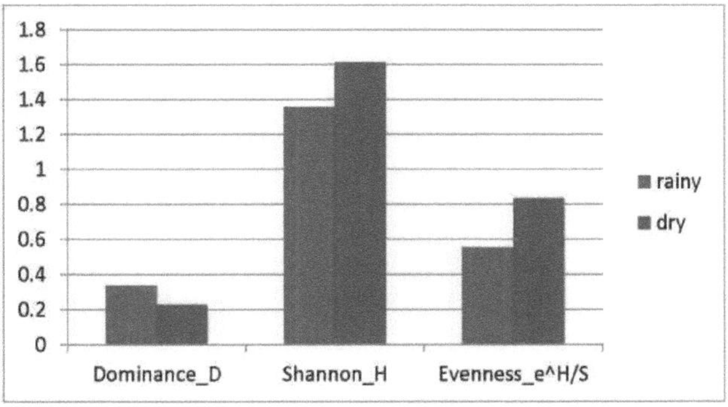

CONCLUSÃO

Os buracos de árvores são um tipo especial de microhabitats que contêm fauna e flora diferentes. Num ecossistema normal, o índice de diversidade de Shannon varia entre 1,5 e 3. Mas na área de estudo selecionada, a diversidade de insectos era muito baixa, sendo o índice de diversidade máximo obtido de 1,6 durante a estação seca. Neste estudo, a identificação dos insectos foi feita apenas até ao nível da ordem, quando identificados até ao nível da espécie a diversidade também pode aumentar.

RECONHECIMENTO

Gostaríamos de expressar a nossa gratidão e agradecimento ao Dr. P.O. Jenson, Diretor, St. Thomas' College (Autonomus), Thrissur. Thomas' College (Autonomus), Thrissur. Agradecemos também à Dra. Joyce Jose pela análise estatística, ao Dr. Aneesh E.M. pela identificação dos dípteros e ao Dr. Joby Paul pela identificação das plantas. O presente trabalho foi realizado com a ajuda financeira do KSCSTE, como prémio para projectos de estudantes, e é reconhecido com gratidão.

REFERÊNCIAS

Barrera R. 1996. Concorrência de espécies e estrutura de uma comunidade de insectos aquáticos em buracos de árvores. *Jornal de Ecologia Vetorial, 21 (1)*, 66-80.

Fincke O.M. 1992. Competição interespecífica por buracos em árvores: consequências para os sistemas de acasalamento e coexistência em libélulas neotropicais. *The American Naturalist.* 139(1), 80 -101.

Greeney H.F. 2001. Os insectos das águas retidas pelas plantas: Uma revisão e bibliografia. *Journal of Tropical Ecology.* 17:241-260.

Kitching R. L. 1971. An Ecological study of water-filled tree-holes and their position in the woodland ecosystem (Um estudo ecológico de buracos de árvores cheios de água e sua posição no ecossistema florestal). *Journal of Animal Ecology, 40*(2), 281.

Das K.S.A. & Nishadh K.A.R. 2014. Habitats aquáticos de buracos de árvores: habitantes, processos e experiência. *Revista internacional de ciência da conservação.*5(2):253-26.

Majumder et al. 2011. Apreliminary study on the insect community of phytotelemata,*NeBIO.* 2(3),27-31.

Makesh Kumar C. & Jebanesan A. 2014. Um estudo sobre a diversidade de mosquitos de buraco de árvore em Kolli Hills, Ghats Oriental, Tamil Nadu, Índia. *Revista internacional de investigação científica.* 3(9),505-507.

Varga 1. 1928. Ein interessanter Biotop der Bioconose von Wassserorganismen. Biologisches Zentralblatt.48.143-162.

Yanoviak S. P. & Fincke O. M. 2000. Métodos de amostragem para buracos de árvores cheios de água e seus análogos artificiais. Em *Insect Sampling in Forest Ecosystems.* 185pp.

Yanoviak S. P. 2001. A macrofauna de buracos de árvores cheios de água na Ilha Barro Colorade, Panamá. *Biotropica, 33*(1), 110-120.

Capítulo 21

TAXONOMIA E DIVERSIDADE DA SUBFAMÍLIA LAMIINAE (INSECTA: COLEOPTERA: CERAMBYCIDAE) DO KERALA

M.P. Sreedharan Namboodiri* e S.M. Ghosh

Departamento de Zoologia, Colégio do Governo, P.O. Vidyanagar, Kasaragod, Kerala

**sreedharanmp@gmail.com*

RESUMO

Os membros da família Cerambycidae são vulgarmente conhecidos como escaravelhos longicórnios, que são pragas graves das culturas de rendimento e da madeira em toros. Prioninae, Lepturinae, Cerambycinae e Lamiinae são as quatro subfamílias registadas até agora em Kerala, das quais Lamiinae é o grupo mais abundante. O estudo taxonómico desta subfamília é pouco conhecido em Kerala. O presente trabalho é a primeira tentativa de estudar a taxonomia e a diversidade destes escaravelhos do Kerala. O trabalho baseou-se em colecções extensivas feitas em diferentes partes de Kerala durante um período de três anos, de novembro de 2014 a dezembro de 2017, através de colheita manual, varredura de rede e armadilha luminosa. A diversidade da Subfamília Lamiinae em Kerala consiste em 71 espécies em 39 géneros distribuídos por 17 tribos. O presente trabalho inclui o estudo de 6 espécies de 6 tribos. A genitália masculina de cada espécie, os dados de distribuição e as espécies hospedeiras também são discutidos.

Palavras-chave: Diversidade, taxonomia, escaravelhos longicórnios, genitália

INTRODUÇÃO

A família Cerambycidae, vulgarmente conhecida como escaravelhos de chifres compridos, pertence à superfamília Chrysomeloidea da ordem Coleoptera e pode ser facilmente identificada pelas suas longas antenas e tíbias bifurcadas. Na Índia, Gahan (1906), Breuning (1940), Holzchuh (2003), Saha et al (2013) e Mitra et al (2016) deram contributos muito importantes para a taxonomia dos cerambicídeos. A diversidade desses besouros no sul da Índia consiste em 346 espécies acomodadas em 153 géneros sob 46 tribos em 5 subfamílias (Namboodiri & Thirumalai 2009). Mathew (1982) e Holzchuh (2003) fizeram contribuições importantes para a taxonomia dos cerambicídeos de Kerala. Das quatro subfamílias registadas em Kerala, tais como Prioninae, Lepturinae, Cerambycinae e Lamiinae, a diversidade de espécies é maior na subfamília Lamiinae. O presente trabalho é a primeira tentativa de estudar a taxonomia e a diversidade da subfamília Lamiinae de Kerala. Até agora, foram registadas 71 espécies em 39 géneros de 17 tribos do Kerala. Dos espécimes recolhidos em diferentes partes de Kerala, os caracteres taxonómicos de 6 espécies de 6 tribos são incluídos neste trabalho. Os caracteres da genitália masculina e os dados de distribuição também são discutidos.

MATERIAIS E MÉTODOS

Durante um período de três anos, de novembro de 2014 a dezembro de 2017, foram efectuadas recolhas extensivas regulares em diferentes partes de Kerala, através de armadilhas luminosas, varredura com rede e colheita manual. Alguns Lamiids recolhidos foram criados em condições laboratoriais para estudar a gama de hospedeiros e a especificidade do hospedeiro. Os espécimes fixados e conservados foram observados ao microscópio estéreo zoom Magnus. Os órgãos genitais foram dissecados, limpos e foram tiradas fotografias. Os órgãos genitais masculinos foram descritos de acordo com a descrição taxonómica de Lindroth e Palmen (1956). Foram estudadas as populações de escaravelhos de diferentes partes de Kerala.

RESULTADOS

É estudada a descrição taxonómica de 6 espécies de 6 tribos. As espécies foram redescritas com caraterísticas morfológicas dos órgãos genitais masculinos. As variações na estrutura dos órgãos genitais masculinos em diferentes tribos foram discutidas juntamente com a descrição das espécies.

Subfamília Lamiinae Latrielle, 1825: Antenas distantes da base da mandíbula. Palpos maxilares pontiagudos apicalmente. Esta subfamília é constituída por 80 tribos a nível mundial, 24 são conhecidas da Índia. Até à data, foram registadas 17 espécies em Kerala. Os caracteres são discutidos a seguir.

Tribo 1. Mesosini Thomson, 1860: Escapo antenal provido de uma cicatriz lateral, truncado apicalmente. Eg. *Coptops aedificator* (Fabrcius, 1792): Escapo liso sem pontuações, área discal do pronoto com quatro tubérculos elevados. Genitália masculina: Ponta do lobo lateral muito próxima, 3/4 apicalth com pêlos curtos. Meio do lobo mediano largo, escora mediana quase pontiaguda, espéculo gastral curvado apicalmente (Figura 1). Material examinado: 1 ex (^) Kerala, Kasaragod, campus do Govt. College, 28.IV. 2017, Sreedharan Namboodiri Coll. Plantas hospedeiras: Infesta *Acacia arabica, Cassia siamea, Coffea sp., Shorea sp.*etc. (Beeson, 1941).

Tribo 2. Apomecynini Lacordaire, 1872: Antenas mais curtas que o corpo nos machos e nas fêmeas. Coxae globular, improminente. *Ex. Apomecyna histrio* (Fabricius, 1792): Pronoto com uma marca longitudinal branca pós-mediana e duas marcas menores na lateral da linha mediana dorsal, tíbias medianas com sulco externo pré-apical. Genitália masculina: Lóbulo lateral largo e bem afastado, em forma de "U" apicalmente com cerdas muito longas, ápice do Spiculum gastrale largo apicalmente. (Figura 2). Material examinado: 1 ex (^) Kerala, Kasaragod, Arthipallam, 03.XII.2016, Sreedharan Namboodiri Coll. Plantas hospedeiras: Infesta *Tinospora cordifolia* (Beeson, 1941).

Tribo 3. Agapanthini Mulsant, 1839: Escapo antenal longo e delgado, fémures pedunculados, tarsos posteriores alongados. Eg. *Eucomatocera vittata* White, 1846: Cabeça, tórax e élitros iguais em largura, segmentos antenais 7-9 franjados de pêlos por baixo. Prosterno com quatro vítulas longitudinais claras. Genitália masculina: Lóbulo lateral muito estreito, amplamente espaçado com três pêlos alongados, escora mediana truncada no ápice (Figura 3). Material examinado: 1 ex (^) Kerala, Kannur, Kadannappally, 3.IX.2016, Sreedharan Namboodiri Coll. Plantas hospedeiras: Infesta *Eucalyptus* sp.

Tribo 4. Agniini Thomson, 1864: Olhos crescentes, élitros mais longos que a cabeça e o pronoto juntos. Eg. *Macrochenus tigrinus* Olivier, 1792: Cabeça e élitros com linhas longitudinais brancas, élitros com uma área retangular esbranquiçada. Material examinado: 1 ex (^) Kerala, Kasaragod, Arthipallam, 20.V. 2017,

Sreedharan Namboodiri Coll. Genitália masculina: Lóbulo lateral quase cilíndrico, ápice irregular, em forma de "U" com pêlos longos (Figura 4). Plantas hospedeiras: Pragas em *Artocarpus hirsuta, A.integrifolia e A. nobilis.* (Beeson, 1941)

Tribo 5. Dorcaschematini Thomson, 1860: Margem lateral do pronoto reta, cavidades médio-coxais abertas. Eg. *Olenecamptus biobus* (Fabricius, 1801): Cabeça e a maior parte do protórax cobertos por uma pubescência alaranjada, antenas com mais de duas vezes o comprimento do corpo, escapo inchado e estreitamente tuberculado, 2nd muito curto,3rd igual a 4th e 5th juntos, resto subigual, último mais longo que o anterior. Material examinado: 1 ex (^) Kerala, Kasaragod, Arthipallam, 21.IV. 2017, Sreedharan Namboodiri Coll. Genitália masculina: Lóbulo lateral amplamente espaçado com cerdas curtas, parte média do lóbulo mediano convexa (Figura 5). Plantas hospedeiras: Infesta *Artocarpus blumei, Ficus bengalensis, Mangifera indica, Morus indica* (Beeson, 1941).

Tribo 6. Glenini Lacordaire, 1872: Lobos oculares superior e inferior muito próximos. Eg. *Glenea multiguttata* Guerin & Meneville, 1843: Corpo amarelo-escuro com manchas escuras, antenas pretas, pernas alaranjadas, frons retangulares com uma mancha central em forma de espádice no vértice, protórax com seis manchas, quatro nos quatro cantos da área discal, uma marca de óculos no centro, duas manchas arredondadas próximas à margem sutural e duas no ápice. Órgãos genitais masculinos: Lóbulo lateral muito longo, fino, ápice com muito poucos pêlos (Figura 6). Material examinado: 1 ex (^) Kerala, Kasaragod, Marpanadka, 27.XI. 2017, Sreedharan Namboodiri Coll. Plantas hospedeiras: Infesta *Boswellia serrata, Bombax malabaricum* (Beeson, 1941)

Dados de distribuição: A fauna de cerambicídeos de Kerala é constituída por 123 espécies registadas em 81 géneros de 34 tribos acomodadas em 4 subfamílias. Lepturinae representa apenas uma única espécie. A subfamília mais abundante, Lamiinae, inclui 71 espécies em 39 géneros de 17 tribos.

DISCUSSÃO

Foram discutidos os vários caracteres morfológicos utilizados para a identificação da subfamília Lamiinae. As colecções foram feitas em diferentes localidades da região de Malabar, Kerala. Os caracteres dos órgãos genitais, os dados de distribuição e as espécies hospedeiras também foram objeto de estudo. Os dados de distribuição de 6 tribos da subfamília Lamiinae indicam que há mais espécies presentes na tribo Agniini (Figura 7).

RECONHECIMENTO

Os autores estão gratos ao Diretor do Government College, Kasaragod, pelas facilidades concedidas. Expressamos também a nossa sincera gratidão ao Chefe do Departamento e ao pessoal do Departamento de Zoologia do Government College, Kasaragod, pelas várias ajudas prestadas durante o curso do estudo.

REFERÊNCIAS

Beeson C.F.C. 1941. The Ecology and Control of forest insects of India and neighboring countries: 99-169& 682-691.

Breuning S. 1940. Novae species Cerambycidarum.IX., *Folia. Zool. Hydrob.* 10(1): 115-214

Gahan C.J. 1906. The Fauna of British India including Ceylon and Burma, Coleoptera, Cerambycidae : 1-329.

Holzchuh C. 2003. Beschreibung von 72 neuen Bockkafern aus Asian, vorwiegend aus China, Indien, Laos und Thailand (Coleoptera: Cerambycidae). *Entomologica Basilentia* , 2: 147-241

Lindroth C.H. & Palmen E. 1956. Taxonomists glossary of Genitalia in Insects, *Coleoptera*: 80-88.

Mathew G. 1982. A Survey of beetles damaging commercially important stored timber in Kerala, *K. F. R. I.Research Report* 10:1-90

Mitra B., Das P., Chakraborthi U., Mallick K. & A. Majumder. 2016. Besouros longhorn de (Cerambycidae: Coleoptera) de Meghalaya com oito novos registros. *O Jornal de Estudos de Zoologia*, 3(4): 39-47.

Namboodiri M.P.S. & G. Thirumalai. 2009. Insecta: Coleoptera: Cerambycidae, *Zoological Survey of India, Kolkata, Fauna of Tamil Nadu, State Fauna Series* 17 (Part- 1): 91-97.

Saha S., Ozdikmen H., Biswas M.K. & D. Raychodhuri. 2013. Explorando besouros de chifre longo de face plana (Cerambycidae: Lamiinae) das florestas de reserva de Dooars, Bengala Ocidental, Índia, *Hindawi Publishing Corporation, ISRN Entomology*: 1-8.

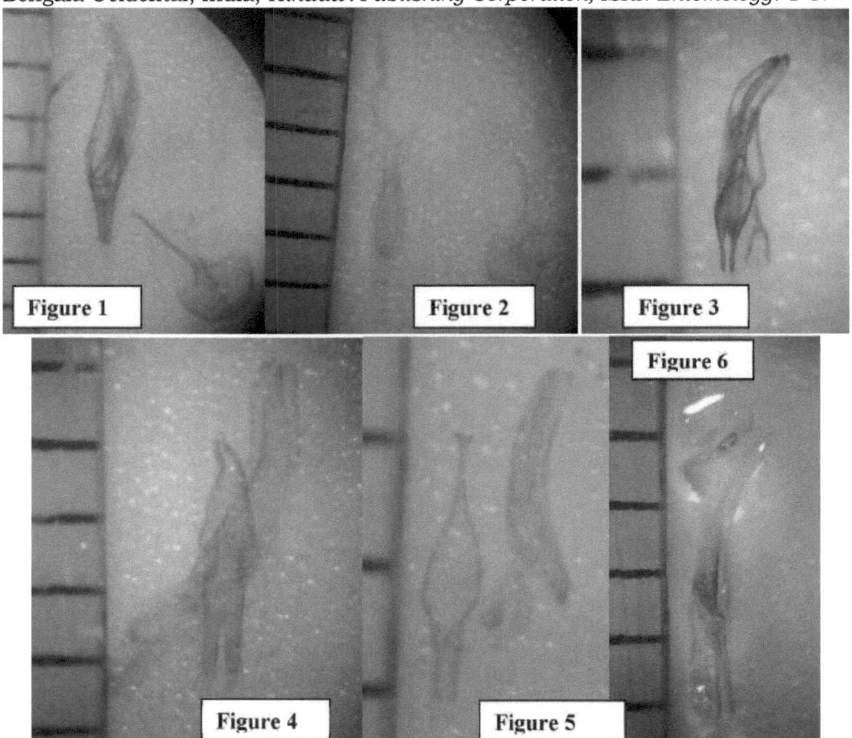

Figure 1 Figure 2 Figure 3

Figure 6

Figure 4 Figure 5

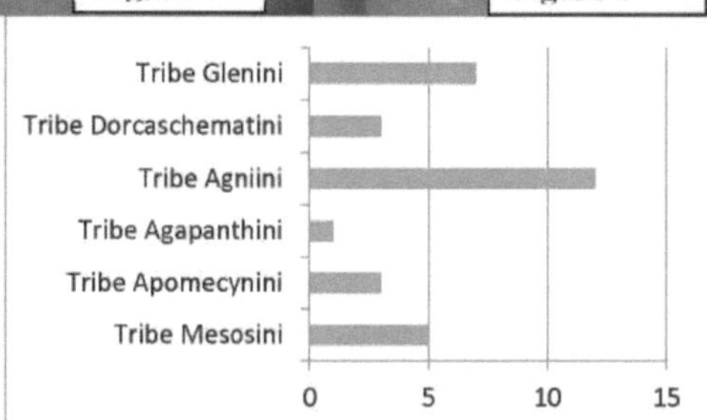

Figure 7

Órgãos genitais masculinos dos Lamiídeos.

Figura 1- *Coptops aedificator* (Fabrcius, 1792)

Figura 2- *Apomecyna histrio* (Fabricius, 1792)

Figura 3- *Eucomatocera vittata* White, 1846

Figura 4 - Macrochenus tigrinus *Macrochenus tigrinus* Olivier, 1792

Figura 5- *Olenecamptus biobus* (Fabricius, 1801)

Figura 6- *Glenea multiguttata* Guerin & Meneville, 1843

Figura 7-Diversidade de 6 tribos da subfamília Lamiinae de Kerala

Capítulo 22

UM ESTUDO SOBRE A COMPOSIÇÃO DAS ESPÉCIES DE GARÇAS EM THIRUNAVAYA E KUTTIPPURAM, DISTRITO DE MALAPPURAM , KERALA, COM ESPECIAL REFERÊNCIA A ESTRATÉGIAS DE CONSERVAÇÃO

Srinila Mahesh K.T. e T.R. Sobha*

Departamento de Zoologia e Investigação, Farook College, Calicut

**sobharaghav@yahoo.co.in*

RESUMO

A garça é um local de reprodução misto de aves aquáticas. De setembro a novembro de 2017, foi realizado um inquérito trimestral para conhecer a composição das espécies e as ameaças na garça de Thirunavaya e Kuttippuram panchayath do distrito de Malappuram, Kerala. Durante o inquérito, registámos 8 espécies de aves pertencentes a quatro famílias, nomeadamente Phalacrocoracidae, Anhingidae, Ardeidae e Ciconiidae. As aves incluem o corvo-marinho-pequeno, a garça-oriental, a garça-real, a garça-branca-grande, a garça-branca-mediana, a garça-branca-pequena, a garça-real-de-coroa-preta e a cegonha asiática de bico aberto. Entre estas aves registadas, o darter oriental está classificado como quase ameaçado na lista vermelha da IUCN devido à diminuição da sua população. A reprodução da cegonha asiática de bico aberto observada nesta área de estudo é muito interessante, uma vez que se trata de uma atividade rara, pois é uma espécie migratória local que viaja por todo o país. A preferência de reprodução desta espécie indica a importância da área de estudo. Mas, atualmente, as garças enfrentam muitas ameaças, incluindo a perda de áreas de nidificação através do corte e queima de árvores de nidificação, caça de aves, poluição e também perturbações causadas pelo ser humano e por predadores. Para a conservação a longo prazo das áreas de reprodução, são também sugeridas algumas estratégias de conservação.

Palavras-chave*:* Garça-real, lista vermelha da IUCN, migrante local, conservação a longo prazo

INTRODUÇÃO

As aves aquáticas são as aves que dependem da água e são os melhores indicadores de um ecossistema saudável. A colónia de garças (rookery) é um grupo de nidificação de aves aquáticas coloniais das ordens Ciconilformes, Pelecaniformes e Suliformes, que inclui garças, garças, cegonhas, pelicanos, íbis, colhereiros, cagarras e corvos-marinhos, que mostra uma agregação espacial e temporal de ninhos (Roshnath et al., 2013).

A nível mundial, os estudos sobre as garças estão bem documentados por vários cientistas. Na Índia, Tiwari & Rahmani efectuaram estudos sobre as garças de Kutch, Gujarat (1998). Subramanya (2005) descreveu estudos semelhantes sobre as garças de Tamil Nadu. Kannan et al. (2008) efectuaram um estudo sobre as aves nidificantes dos lagos de Pulicat. No mesmo ano, Prasanth & Lalitha efectuaram um estudo para avaliar o estado de conservação das garças de Kumarakom. Em 2010, Saleh et al. elaboraram um relatório sobre uma garça no Bangladesh. Um aspeto ecológico da reprodução de aves aquáticas foi monitorizado por Koushaledra (2012) em Agra. Roshnath et al., (2013) efectuaram um levantamento das principais garças do distrito de Kannur, no norte de

Kerala. Ajitha & Boby (2013) descobriram que, no distrito de Thrissur, Kallettumkara é encontrada para ser um habitat de reprodução adequado para aves coloniais. Em 2014, Farah et al. efectuaram estudos sobre a ecologia de reprodução das aves aquáticas na Argélia.

No entanto, não se encontra descrito um estudo pormenorizado sobre a composição das espécies e as ameaças no distrito de Malappuram, pelo que o presente esforço consiste numa apresentação analítica das aves nidificantes em duas áreas de estudo. Assim, a compreensão da composição das espécies e das ameaças é essencial para a futura conservação das garças e, consequentemente, para a manutenção da saúde do ecossistema total.

MATERIAIS E MÉTODOS

O estudo foi efectuado em dois viveiros de garças, Thirunavaya (local 1) e Kuttippuram (local 2). Ambos estão situados no distrito de Malappuram, no estado de Kerala. Kuttippuram é uma pequena cidade com uma latitude de 10,84231 N e uma longitude de 76,03049 E e o garimpo está situado junto à estação ferroviária de Kuttippuram, num dos lados da estrada de entrada. As árvores de nidificação incluem *Mangifera indica, Tamarindus indica* e *Terminalia catappa.* A garça de Thirunavaya, com uma latitude de 10,87284 N e uma longitude de 75,9838 E, situa-se apenas numa zona húmida pantanosa onde a população local pratica a cultura do lótus. No centro desta zona húmida, passa um canal e ambos os lados estão cobertos de árvores e arbustos que as aves utilizam como local de nidificação. A árvore de nidificação é constituída por *Pandanus fascicularis* e *Ipomea carnea.*

Figura 1. Mapa da área de estudo

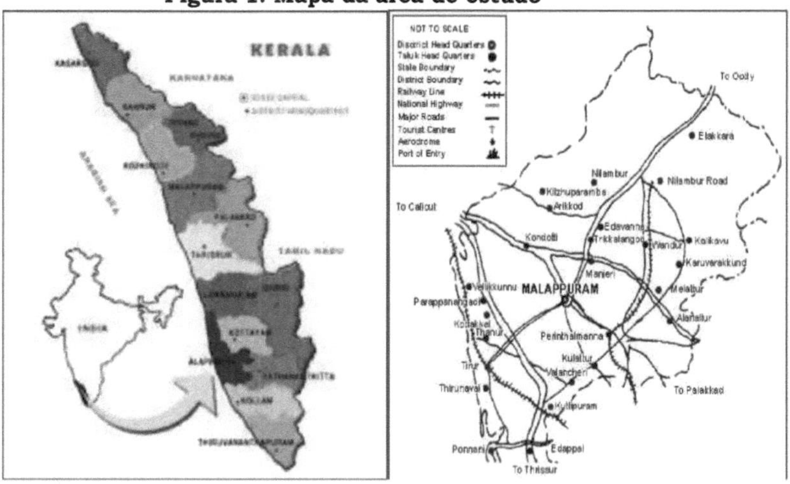

O presente estudo foi realizado no período de um trimestre de setembro a novembro de 2017. A garça foi observada uma vez por semana durante o período de estudo com a ajuda de um binóculo (Olympus, 7x50). A garça de Kuttippuram está situada numa cidade, pelo que a observação foi realizada principalmente em pé num edifício mais próximo ou caminhando quase até à garça para contagem no terreno. Mas em Thirunavaya, o estudo foi realizado pelo método de transecto de linha, percorrendo os dois lados da zona húmida pantanosa. As fotografias foram tiradas pelo câmara no próprio campo. A identificação das aves aquáticas foi efectuada utilizando o guia de campo de Ali (2003).

A contagem dos ninhos também foi efectuada com base na presença de progenitores, crias e caraterísticas dos ninhos para compreender a composição das espécies. Foram efectuadas contagens repetidas para avaliar o número exato de espécies e evitar a dupla contagem. Foram obtidos alguns dados qualitativos sobre as ameaças e os problemas conexos através de entrevistas à população local e a outras pessoas associadas próximas do viveiro de garças, utilizando questionários.

RESULTADOS E DISCUSSÃO

Durante um inquérito trimestral, registámos 8 espécies de aves em dois locais: Thirunavaya e Kuttippuram. O corvo-marinho-pequeno, a garça-oriental, a garça-vermelha, a garça-branca-grande, a garça-branca-mediana, a garça-branca-pequena, a garça-real-de-coroa-preta e o bico-aberto-asiático pertencem a 4 famílias e 2 ordens. Kerala tem cerca de 15 espécies de aves aquáticas residentes e reprodutoras que nidificam em várias garças em todo o Estado (Sashikumar et al., 2011). No estudo, o maior número de espécies de aves (n=5) foi registado na família Ardeidae, seguida de Phalacrocoracidae, Anhingidae e Ciconiidae com uma única espécie (Quadro 1).

A garça contava com um total de 275 ninhos, dos quais 154 no sítio I e 121 no sítio 2. O aumento do número de ninhos no local 1 pode dever-se à abundância de áreas de forrageamento e à baixa pressão dos seres humanos e dos predadores. No sítio 1, a garça está localizada em zonas pantanosas cobertas de vegetação de mangue. O aumento do forrageamento devido à presença de áreas de forrageamento abundantes dentro e em redor da garça, em termos de zonas húmidas e campos agrícolas, e a diminuição da predação devido ao afastamento do local de nidificação, são supostamente os principais factores que determinam a maior congregação de aves aquáticas nesta garça (Subramanya, 2005). Em comparação com o local 1, verifica-se uma ligeira diminuição da ocorrência de ninhos no local 2, que se situa perto de uma cidade com elevada poluição sonora e perturbações, *ou seja,* as aves aquáticas coloniais nidificantes são mais sensíveis a intrusões relacionadas com a terra. Mas, contrariamente a isto, a visitação humana nas garças não tem qualquer efeito negativo quando se estabelece uma zona tampão adequada. Frederick & Callopy (1987) descreveram que o sucesso reprodutor das aves aquáticas depende muito das relações inter e intra-espécies na colónia, dos recursos alimentares e da pressão de predação. Vários factores afectam a seleção do habitat e a dinâmica das colónias de aves aquáticas (Kharitonov & Siegel-Causey, 1988).

Entre os 275 ninhos contados, o ninho mais alto foi construído pelo corvo-marinho-pequeno (n=99), seguido pelo bico aberto asiático (n=52), garça-branca-intermédia (n=37), garça-real (n=29), garça-branca-grande (n=21), garça-branca-pequena (n=19), garça-vermelha (n=11) e o menos construído pela garça-vermelha-roxa (n=7). Este tipo de estrutura de garças, com dominância de certas aves em colónias mistas, já tinha sido referido anteriormente em garças (Naugle et al., 1996). O corvo-marinho-pequeno é uma espécie altamente adaptável e tem o número mais elevado (3396 ninhos) de todas as outras aves de colónias mistas contadas durante o estudo de 2015 em Kerala.

A reprodução do bico aberto asiático é discretamente registada noutros Estados da Índia. Estas aves têm sido registadas perto de árvores específicas das zonas húmidas de Bengala Ocidental, na Índia, nos últimos 30 anos. Mas a literatura em Kerala carece de uma boa documentação sobre a sua reprodução, embora tenha sido frequentemente observada nas zonas de estudo. Normalmente, migram para o Norte da Índia em junho e para o Sul do país em novembro de cada ano e passam cerca de seis meses nesta região para se reproduzirem. O Quadro 1 mostra os dados cumulativos do bico aberto asiático para o total de ninhos de 52, sugerindo os maiores locais de reprodução destas cegonhas em Kerala. O tempo de formação do ninho e o sucesso da reprodução também estão relacionados com a precipitação nessa área específica, bem como com a disponibilidade de recursos alimentares (Dhua et al., 2013). No levantamento da garça em 2015, foram registados 25 ninhos, o que revela um aumento acentuado neste ano e indica um sinal positivo da adequação do seu habitat, apesar de as ameaças ainda persistirem.

De entre as espécies de aves registadas, o cágado-de-carapaça-estriada consta da categoria Quase Ameaçada da Lista Vermelha da UICN. A população de darter oriental tem vindo a diminuir em Kerala nas últimas três décadas (Zacharias & Gaston, 2003). Contrariamente a este facto, no presente estudo, ambos os locais suportam a sua população e construíram 11 ninhos nesta estação.

Quadro 1. Lista de verificação das aves nidificantes na garça com ninhos

ORDER	FAMILY	COMMON NAME	SCIENTIFIC NAME	SITE 1 (T)	SITE 2 (K)
Pelicaniformes	Phalacrocoracidae	Little cormorant	*Microcarbo niger*	59	40
	Anhingidae	Oriental Darter	*Anhinga melanogaster*	7	4
Ciconiiformes	Ardeidae	Purple Heron	*Ardea purpurea*	7	0
		Large Egret	*Ardea alba*	0	21
		Inter mediate Egret	*Ardea intermedia*	0	37
		Little Egret	*Egretta garzetta*	0	19
		Black crowned Night Heron	*Nycticorax nycticorax*	29	0
	Ciconiidae	Asian Open-bill stork	*Anastomus oscitans*	52	0

AMEAÇAS E PERTURBAÇÕES

As principais ameaças registadas na área de estudo são as seguintes (1) Perda de áreas de nidificação por corte e queima de árvores de nidificação. (2) Fragmentação do habitat. (3) Caça às aves através da utilização de armas de ar comprimido e outros equipamentos. As aves nidificantes são muito sensíveis e é muito fácil capturá-las do local de nidificação. (4) Variação climática com efeitos perigosos para as aves. Jakubas, em 2011, referiu que a ecologia de reprodução, especialmente a fenologia das aves, está relacionada com as condições climáticas. (5) Utilização de fertilizantes químicos nos campos agrícolas. Os pesticidas mais comuns registados nas áreas de estudo foram a Fosfatosa, a Ureia, a Potassa, o Fosfato de Rocha, etc. Este efeito dos pesticidas foi já referido por Ehsan & Farhad (2014), que causam diferentes tipos de danos, desde a alteração do crescimento das plantas aquáticas até à redução da reprodução das aves aquáticas.

Durante o estudo, foram registadas perturbações causadas por seres humanos e predadores nas áreas de estudo. As duas áreas registaram uma elevada população de corvos (*Corvus splendens* e *C. macrorhynchos*). Estes são os predadores dos ovos e das crias na garça. O estudo de Kaushalendra (2012) no garimpo de Soorsarovar está de acordo com as conclusões de estudos anteriores.

SUGESTÕES DE GESTÃO

Ambas as zonas são importantes garças em Kerala e locais de nidificação adequados para 8 espécies de aves coloniais. No cenário atual, estas garças enfrentam muitos problemas, pelo que, para os ultrapassar, devem ser iniciados o mais rapidamente possível alguns aspectos de conservação. Algumas recomendações para a proteção destes bípedes reprodutores são as seguintes (1) Thirunavaya é um ponto quente para a fauna aviária, pelo que a transformação desta área numa zona protegida, como uma reserva comunitária, minimizará o impacto humano sobre as garças. (2) Incentivar a realização de estudos sobre os parâmetros de reprodução e as exigências ecológicas, o que constituirá uma pedra angular para a conceção de estratégias. (3) Sensibilizar o público para a importância da garça e sensibilizá-lo para a conservação do local de nidificação. (4) Disponibilizar fundos às pessoas para a produção de fertilizantes a partir dos materiais excretórios e dos resíduos alimentares das aves. No caso dos ninhos de garças situados em locais públicos onde a população local se queixa de incómodos causados por excrementos, etc., devem ser colocadas lonas por baixo das árvores de nidificação. Em alguns locais adequados, podem ser utilizados "guardas de garças" (Heronry survey, 2015). (5) A perda de locais de nidificação pode ser compensada através da criação de áreas de nidificação artificiais e da recuperação de habitats. E a aquisição de propriedade privada é boa para diminuir o conflito entre proprietários de terras e aves reprodutoras. (6) Implementar regras e regulamentos rigorosos para evitar a caça. (7) Aumentar a utilização de biofertilizantes para manter boas áreas de alimentação para as aves. A utilização de pesticidas pelos agricultores para várias práticas agrícolas também pode afetar os habitats naturais das zonas húmidas, bem como a sua flora e fauna. (8) Adotar estratégias para controlar as espécies invasoras e eliminá-las se já estiverem disseminadas. É muito importante manter estas garças, especialmente as que são compostas por espécies de importância mundial, incluindo o bico aberto asiático e o darter oriental. Com efeito, se as garças forem destruídas, algumas aves deslocam-se para outros habitats menos adequados, mas a reprodução tende a ser menor e a mortalidade tende a ser maior (Prasanth & Lalitha, 2008). Assim, este estudo fornecerá uma descrição preliminar da composição das espécies, o que ajudará a formular estratégias de conservação para a sua sobrevivência no futuro.

REFERÊNCIAS

Ali S. 2003. The book of Indian birds. 13 Edn, Oxford University Press, Bombaim, Índia.

Ali S. & Ripley. 1983. Compact *Handbook of the birds of India and Pakistan.* 11 Edn, Oxford University Press, Bombaim, Índia.

Dhua M. & Dutta. 2013. *Revista Internacional de Investigação Avançada* 1(9).

Ehsein D. & Farhad T. 2014. Estudo analítico sobre as ameaças aos ecossistemas das zonas húmidas e suas soluções no âmbito da Convenção de Ramsar. *Revista Internacional de Engenharia Social, Educação, Economia e Gestão.* 8 (7).

Farah M., Khalil B.L. & Moussa. 2014. Ecologia de reprodução de aves aquáticas em Echatt, Numidia, nordeste da Argélia. Anais da Investigação Biológica.5: 27-31.

Levantamento das garças em Kerala. 2015.

Jakubas, Stempniewicz, Angelier, Olivier, Dinessen, Gabrielsen, Hanssen, Karnovsky, Bernt, Welcker, Katarzyna & Claus B. 2009. Climate change and phonological responses of two sea species breeding in the high Artic (Alterações climáticas e respostas fonológicas de duas espécies marinhas que se reproduzem no alto Ártico). *Marine Ecology Progress Series*. 393: 235-246.

Kannan, Manakadan, Rao, Mohapatra, Sivakumar & V. Santharam. 2008. The Water birds of Pulicat Lake, Andhra Pradesh - Tamil Nadu, India, including those of the adjoining wetlands and heronries. *Journal of Bombay nature history and society*. 105: 162-180.

Kharitonov & Siegel. 1988. Colony formation in seabirds (Formação de colónias em aves marinhas). *Current Ornithology* 5:223-272.

Koushalendra K. 2012. Alguns aspectos ecológicos e de reprodução das aves de garça no Santuário de Aves de SoorSarovar, Agra, Norte da Índia. *Asian Journal of Conservation Biology*.1: 35-41.

Naugle, Johnson, Meeks & Heggins. 1996. Colonização e crescimento de uma heronária de espécies mistas no Dakota do Sul. Colonial Water birds. 421.

Prasanth N. & Lalitha V. 2008. Major threats and needs for conservation of Kumarakam Heronry of Kerala, India. *Natural Academy Soceity Letter. 31(9).*

Roshnath, Ashokkumar, Revi U., Sreejith & Ashli J. 2013. Status das aves em Heronries do distrito de Kannur, Kerala. *Malabar Trogon*. 11: 15- 20.

Saleh R., Hossain & Seleena. 2010. Relatório sobre uma garça no Campus da Universidade de Rajshahi. *Journal of Life Earth Science*.5: 97-100.

Sashikumar & Jayarajan. 2008. Census of the heronries of North Kerala 2007. *Malabar Trogon*. 6:14-19.

Subramanya S.1996. Distribution, status and conservation of Indian heronries (Distribuição, estatuto e conservação das garças indianas).

Jornal da Sociedade de História Natural de Bombaim. 93:459-480

Subramanya S. 2005. Heronries of Tamil Nadu. *Indian birds*. 1: 126-140, 2005.

Tiwari & Large. 1998. Heronries in Kutch and nesting of Glossy ibis at Luna Jheel,Kutch,Gujarat,India, *Journal of Bombay nature history and society*. 95: 67-70.

Zcharias & Gaston. 2003. Survey of Kerala wetlands, India.OBC Bulletin. 37: 15

Capítulo 23

LISTA PRELIMINAR DE ARANHAS (ARANEAE) DO SANTUÁRIO DE VIDA SELVAGEM DE WAYANAD, KERALA, ÍNDIA

Sudhin P.P.,* Nafin K.S. e Sudhikumar A.V.

Centro de Taxonomia e Ecologia Animal, Departamento de Zoologia, Christ College, Irinjalakuda, Kerala

**sudhinpp@gmail.com*

RESUMO

O presente estudo fornece um inventário básico das aranhas do Santuário de Vida Selvagem de Wayanad, Kerala, com base num levantamento preliminar realizado de novembro de 2014 a dezembro de 2015. O estudo resultou na documentação de 174 espécies de aranhas pertencentes a 97 géneros e 24 famílias. A família mais dominante foi Salticidae, que constitui 21% do total de espécies de aranhas recolhidas. A análise da estrutura das guildas revelou sete guildas de alimentação, nomeadamente perseguidoras, construtoras de teias orbitais, ambusadoras, corredoras de folhagem, construtoras de teias espaciais, corredoras de solo e tecelãs de folhas errantes. Os Stalkers e os Orb weavers foram as guildas de alimentação dominantes. Até à data, não foi efectuado qualquer trabalho sobre as aranhas do Santuário de Vida Selvagem de Wayanad. Este estudo é relevante pelo facto de ser o relatório pioneiro sobre a diversidade da fauna de aranhas desta área protegida.

Palavras-chave: Araneae, ecologia, guilda, Ghats ocidentais, ponto quente de biodiversidade

INTRODUÇÃO

As aranhas estão entre os predadores terrestres mais abundantes e diversificados da Terra (Coddington & Levi, 1991). Ocupam o sétimo lugar na diversidade total de espécies entre todos os outros grupos de organismos. Pertencem à ordem Araneae da classe Arachnida do filo Arthropoda. Cerca de 46 428 espécies de aranhas pertencentes a 4 029 géneros e 113 famílias são conhecidas pela ciência (World Spider Catalog, 2017). Destas, um total de 1685 espécies de aranhas pertencentes a 438 géneros e 60 famílias foram listadas na região indiana (Keswani et al., 2012). As aranhas são claramente partes integrantes da biodiversidade global, uma vez que desempenham um papel importante nos ecossistemas como predadores e fonte de alimento para outras criaturas. Atacam principalmente insectos, mas também comem outros artrópodes, incluindo outras Araneae. São indicadores biológicos adequados de alterações do ecossistema e de modificações do habitat, devido ao seu pequeno tamanho corporal, ao curto tempo de geração e à elevada sensibilidade às alterações de temperatura e humidade (Kremen et al., 1993).

As aranhas são a maior ordem de aracnídeos e encontram-se em todo o mundo, em todos os continentes, exceto na Antárctida. O seu estudo continua a ser insuficientemente investigado ou totalmente desconhecido, mesmo em zonas florestais. As zonas protegidas oferecem um conjunto diversificado de habitats para plantas, animais e microrganismos. Consequentemente, contêm a maioria das espécies terrestres do mundo e metade de toda a fauna de aranhas. O presente estudo foi realizado no Santuário de Vida Selvagem de Wayanad, que faz parte dos Ghats Ocidentais e é também o segundo maior santuário de vida selvagem de Kerala. Esta zona de vida selvagem alberga algumas das espécies raras e ameaçadas de extinção, tanto da flora como da fauna. O objetivo deste estudo era compilar a primeira lista de verificação de aranhas do Santuário de Vida Selvagem de Wayanad e determinar a percentagem de espécies protegidas. Não se trata de um estudo intensivo, mas apenas de informação primária sobre a fauna de aranhas que habita esta área protegida.

MATERIAIS E MÉTODOS

Área de estudo: O Santuário de Vida Selvagem de Wayanad, situado no distrito fiscal de Wayanad, em Kerala, na Índia, faz parte da Reserva da Biosfera de Nilgiri, nos Ghats Ocidentais. É contíguo à rede de áreas protegidas dos Parques Nacionais de Nagarhole e Bandipur de Karnataka, a nordeste, e do Parque Nacional de Mudumalai de Tamilnadu, a sudeste. A extensão total da área é de 344,4 km^2 e está dividida em duas porções descontínuas com terras de rendimento no meio. A altitude varia entre 650 m e 1160 m, sendo o ponto mais alto Karottimala na reserva de Kurichiat (1158 m). A vegetação natural deste santuário pode ser amplamente classificada em florestas tropicais semi-verdes da costa ocidental, florestas mistas decíduas húmidas do sul e florestas mistas decíduas secas do sul (Champion & Seth, 1968). Para além dos tipos de vegetação supramencionados, estão também presentes certos tipos edáficos, tais como os juncais, os bambus húmidos e os prados pantanosos de altitude.

Métodos de amostragem: A amostragem foi efectuada durante um ano, de novembro de 2014 a dezembro de 2015. Foram realizados dois inquéritos por mês em áreas selecionadas do santuário. A maior parte da amostragem foi feita na secção da manhã, entre as 7h00 e as 11h30. Para a recolha de aranhas, foram utilizadas técnicas de amostragem padrão, como a amostragem de armadilhas e a amostragem semi-quantitativa (Coddington, 1996). Os métodos semi-quantitativos incluem redes de varredura, coleta de frascos e coletas aéreas manuais. Os micro-habitats das aranhas, como troncos caídos e folhagens, foram cuidadosamente verificados para detetar aranhas que vivem no solo, enquanto as folhas das árvores e as teias visíveis foram procuradas para detetar aranhas arborícolas. As aranhas mais pequenas foram recolhidas com a ajuda de um pincel embebido em álcool, conduzindo-as para dentro de tubos contendo álcool. A maior parte das aranhas foi fotografada no próprio campo com a ajuda de uma câmara SLR Canon EOS 5D Mark-III. Os espécimes adultos recolhidos foram transportados para o laboratório para identificação. A identificação foi efectuada no Centro de Taxonomia e Ecologia Animal, Departamento de Zoologia, Christ College, Irinjalakuda. Os espécimes foram conservados em álcool a 70% e devidamente etiquetados com a indicação da localidade, data de recolha e outras notas importantes. Os espécimes maduros foram identificados até ao nível da espécie com a ajuda de um microscópio estéreo zoom (Leica-MS5) e também com base na literatura disponível (Tikader, 1987; Barrion & Litsinger, 1992; Sebastian & Peter, 2009).

RESULTADOS

Foi registado um total de 174 espécies pertencentes a 97 géneros e 24 famílias no Santuário de Vida Selvagem de Wayanad. Salticidae foi a família mais dominante, com 37 espécies de 25 géneros, constituindo 21% da população total de aranhas. A segunda família dominante foi Araneidae, representada por 31 espécies de 13 géneros (18%). Os espécimes recolhidos foram conservados em álcool a 70% e estão depositados na coleção de referência do Centro de Taxonomia e Ecologia Animal, Departamento de Zoologia, Christ College, Irinjalakuda, Kerala.

Figura 1. Diversidade de espécies em diferentes famílias encontradas na área de estudo

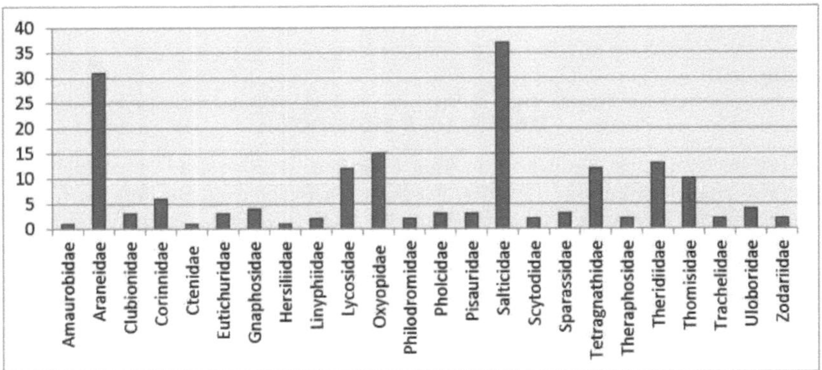

Grupos funcionais: Os espécimes identificados podem ser divididos em sete grupos funcionais ou guildas com base no seu comportamento de forrageamento no campo (Uetz, et al., 1999). Os principais grupos funcionais encontrados na área de estudo são os perseguidores, os construtores de teias de orbes, os emboscadores, os corredores de folhagem, os construtores de teias espaciais, os corredores de solo e os tecelões de folhas errantes. O grupo dominante foi o dos perseguidores, que constitui 32% da população total, seguido dos tecelões de orbe com 27%, dos corredores de folhagem com 13,2%, dos corredores de solo com 11,5%, dos construtores de teias espaciais com 9%, dos emboscadores com 5,75% e dos tecelões de folhas errantes com 1,1% (Figura 2).

Figura 2. Estrutura da guilda de aranhas recolhidas na área de estudo

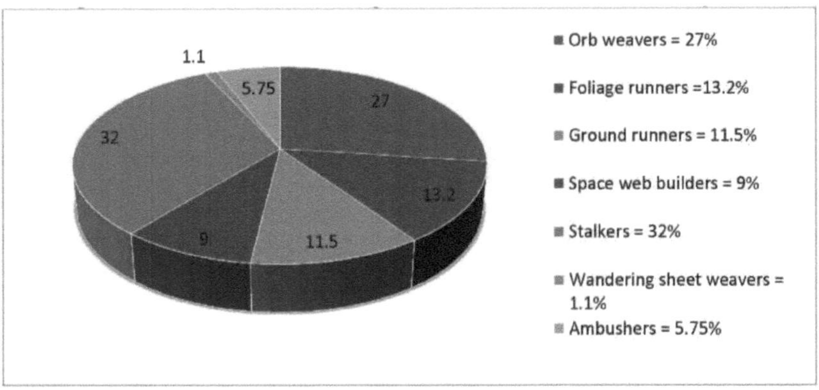

Diversidade de famílias: As famílias de aranhas representam um total de 24 no santuário de vida selvagem de Wayanad, o que representa 40% em comparação com a região continental da Índia, com 60 famílias de aranhas. Salticidae foi a família mais dominante, correspondendo a 37 espécies de 25 géneros, constituindo 21% da população total de aranhas. A segunda família dominante foi Araneidae, representada por 31 espécies de 13 géneros, constituindo 18% da população total. Seguiram-se Oxyopidae (8,6%), Theridiidae (7,5%), Lycosidae (6,9%), Tetrgnathidae (6,9) e Thomisidae (5,8%). A abundância relativa de espécies das várias famílias registadas durante o estudo pode ser representada por Salticidae > Araneidae > Oxyopidae > Theridiidae > Lycosidae = Tetrgnathidae > Thomisidae > Corrinidae > Gnaphosidae = Uloboridae > Clubionidae = Eutichurida = Pholcidae = Pisauridae = Sparassidae > Linyphidae = Philodromidae = Scytodidae = Theraphosidae = Trachelidae = Zodariidae > Amaurobidae = Ctenidae = Hersiliidae.

DISCUSSÃO

As florestas, os recifes de coral e o solo contêm a maior parte da biodiversidade mundial conhecida (Connel, 1978) e crê-se que quase metade das formas de vida habita nas zonas florestais. As florestas fornecem uma vasta gama de recursos e habitats estruturalmente heterogéneos para os artrópodes, especialmente para a comunidade de aranhas. Infelizmente, não existem dados exaustivos sobre aranhas de florestas naturais não perturbadas de Kerala. Sunil et al. 2008 registaram 147 espécies de aranhas no Santuário de Vida Selvagem de Parambikulam, nos Ghats Ocidentais, o que constitui o maior número de espécies registado em qualquer floresta de reserva em Kerala. O presente trabalho é um levantamento preliminar da fauna de aranhas no Santuário de Vida Selvagem de Wayanad. Durante o período de estudo, foi recolhido um total de 174 espécies de aranhas pertencentes a 97 géneros e 24 famílias. Representa 10,3% do total de espécies, 22,1% da diversidade genérica e 40% da diversidade de famílias registadas na Índia (Keswani et al. 2012). As famílias Salticidae e Araneidae foram as mais diversificadas em termos de diversidade de espécies. O presente estudo indica que existe uma elevada diversidade de aranhas distribuídas nesta área. Esta região inclui florestas de reserva com uma esplêndida variedade de flora e fauna, especialmente insectos. Esta pode ser a razão para uma maior diversidade. Nos estudos preliminares da fauna de aranhas na floresta de Mannavan shola realizados por Sudhikumar et al. (2005), sugeriu-se que a diversidade de espécies de aranhas na região florestal pode ser atribuída à elevada diversidade de plantas e insectos. Pode presumir-se que uma elevada diversidade floral sustenta uma elevada diversidade faunística, fornecendo micro-habitat diversificado, especialmente para invertebrados. A vegetação densa, a menor interferência humana e a ausência de outros tipos de perturbações aumentam a diversidade de espécies.

Os estudos sobre as estruturas das guildas baseiam-se principalmente nas caraterísticas ecológicas das famílias de aranhas recolhidas durante o estudo, que são classificadas de acordo com a sua forma de forrageamento, natureza da teia, espécies de presas, utilização do microhabitat e atividade diária (Young & Edwards, 1990). As aranhas recolhidas no santuário podem ser divididas em sete grupos funcionais com base no sistema de classificação proposto por Uetz et al. (1999). Os principais grupos funcionais encontrados na área de estudo são as perseguidoras, as construtoras de teias orbitais, as emboscadoras, as corredoras de folhagem, as construtoras de teias espaciais, as corredoras de solo e as tecelãs de folhas errantes.

Há muitos factores que determinam a composição das espécies. Esta pode estar relacionada com as alterações na estrutura da vegetação do habitat. As aranhas construtoras de teias e as aranhas que vagueiam pelas plantas dependem da vegetação durante uma parte da sua vida, quer para encontrar alimento, quer para construir refúgios ou para construir teias. Espera-se, por conseguinte, que a estrutura da vegetação influencie a diversidade de aranhas encontradas no habitat. As aranhas têm uma relação estreita com o meio que as rodeia, pois precisam de locais de fixação para as suas teias e os seus órgãos sensoriais podem reconhecer as vibrações tácteis do substrato (Rovner & Barth, 1981). Têm uma maior capacidade de encontrar hospedeiros e de consumir um maior número de presas do que outros predadores que habitam o campo (Kamal et al, 1990). Os oxiópodes, os Thomisídeos, os Ulobrídeos e os Salticídeos são alguns dos predadores silenciosos dos especialistas. Podem alimentar-se de larvas aquáticas, bem como de mosquitos ou insectos voadores adultos. Mantêm o equilíbrio ecológico ao suprimir a população de insectos (Saini et al., 2012). As aranhas são também utilizadas pelos ecologistas, sob a forma de instrumentos de conservação, como indicadores ecológicos da biodiversidade global em muitas comunidades terrestres. São extremamente sensíveis a pequenas alterações na estrutura do habitat, o que as torna candidatas ideais para estudos de conservação da terra. O objetivo do presente estudo é fornecer informações de base sobre as aranhas que habitam esta zona. Embora o estudo das aranhas do Santuário de Vida Selvagem de Wayanad ainda esteja longe de estar completo, o presente estudo constitui uma base para novas investigações sobre este grupo.

REFERÊNCIAS

Barrion A.T & Listinger J.A. 1992. Riceland spiders of South and Southeast Asia. CABI. 765pp

Champion H.G. & S.K. Seth. 1968. A revised survey of forest types of India. Governo da Índia. Delhi.

Coddington J.A. & H.W. Levi. 1991. Systematics and evolution of spiders (Araneiae). *Ann. Rev. Ecology and Systematics*; 22: 565-592.

Coddington J.A., Young L.H. & Coyle F.A. 1996. Estimating spider species richness in a southern Appalachian cove hardwood forest. *J. of Arachnol*, 24, 111-128.

Connel J.H. 1978. Diversity in tropical rain forests and coral reefs. *Science*, 109 (4335): 1302-1310.

Keswani S., Hadole P. & Rajoria A. 2012. Lista de verificação de aranhas (Arachnida: Araneiae) da Índia.2012. *Revista Indiana de Aracnologia*, 1(1):2278-1587.

Kremen C., Colwell R.K., Erwin T.L., Murphy D.D., Noss R.F. & Sanjayan, M.A. 1993. Assemblages de artrópodes terrestres: a sua utilização no planeamento da conservação. *Conservation Biology* 7: 796-808.

Rovner J.S. & Barth F.G. 1981. Comunicação vibratória através de plantas vivas por uma aranha errante tropical. *Science*.214: 464-466.

Saini K.C., Chauhan R. & Singh N.P. 2012. Análise da densidade de aranhas na região Shekhawati Aravalian de Rajastan, Índia. *Jornal Indiano de Aracnologia*, Vol.1 (2), 030-039.

Sebastião P.A & K.V. Peter. 2009. Spiders of India. Orient Blackswan, Hydrabad. 754 pp.

Sudhikumar A.V., Mathew M.J., Sunish E., Murukesan S. & Sebastian P.A. 2005. Preliminary studies on the spider fauna in Mannavanshola forest, Kerala, India (Araneae). *Ata Zoological Bulgarica*, 319-327.

Tikader B.K. 1987. A hand book on Indian spiders. Zoological survey of India, Culcutta.

Catálogo Mundial de Aranhas (2017). Catálogo Mundial de Aranhas. Museu de História Natural de Berna, online em http://wsc.nmbe.ch, versão 15.5, acedido em 4/01/2017.

Young O.P., & Edaward G.B. 1990. Spiders in the United States Field crops and potential effect on crop pests. *Journal of Arachnology*. 18: 1-27.

Capítulo 24

UMA INVESTIGAÇÃO PRELIMINAR SOBRE A FAUNA DE ARANHAS DE DOIS HABITATS SELECCIONADOS DO DISTRITO DE THRISSUR, KERALA

Sumesh N.V.* e Sudhikumar A.V.

Centro de Taxonomia e Ecologia Animal, Departamento de Zoologia, Christ College, Irinjalakuda, Kerala

**sumeshvasu14@gmail.com*

RESUMO

A distribuição e a diversidade das aranhas têm atraído a atenção dos naturalistas em diferentes partes do mundo desde o século XVIII e revelam respostas específicas de cada guilda taxonómica às alterações ambientais, sendo relativamente fáceis de amostrar e identificar. Os locais de estudo situam-se no distrito de Thrissur, no estado de Kerala. O estudo pretende efetuar a amostragem de dois habitats diferentes, como o bosque sagrado e a selva arbustiva. Foram utilizados métodos de amostragem normalizados para recolher espécimes. O objetivo do estudo é revelar a diversidade, a riqueza de espécies e o conjunto de aranhas dos habitats selecionados. A diversidade, a riqueza e a regularidade foram calculadas utilizando o programa SPSS. Foi recolhido um total de 50 espécies de aranhas pertencentes a 40 géneros, pertencentes a 14 famílias, no bosque sagrado e na mata. O bosque sagrado continha 27 espécies de aranhas pertencentes a 22 géneros de 14 famílias. A mata de arbustos continha 29 espécies de aranhas pertencentes a 24 géneros de 10 famílias. Das 14 famílias recolhidas durante o estudo, a família Salticidae foi a família dominante com 11 espécies pertencentes a 11 géneros. A análise do comportamento alimentar das aranhas recolhidas permitiu identificar um total de 7 guildas alimentares. A riqueza de espécies foi elevada na floresta arbustiva. A maior diversidade de espécies foi encontrada em Kalari-Pambum Kavu.

Palavras-chave: Aranha, diversidade, matagal, bosque sagrado, estrutura de guildas

INTRODUÇÃO

As aranhas são animais antigos, surgiram na era carbonífera, datam de há mais de 380 milhões de anos. Encontram-se em todo o mundo, em todos os continentes, exceto na Antárctida, e estabeleceram-se em quase todos os habitats, com exceção da colonização do ar e do mar. Entre os animais, as aranhas representam 18% da diversidade. As aranhas, enquanto grupo, podem mesmo constituir instrumentos úteis para a conservação como indicadores ecológicos ou para a medição rápida da biodiversidade. Jocque (1981) demonstrou que o tamanho das aranhas depende da qualidade do habitat. As aranhas são claramente uma parte integrante da biodiversidade, uma vez que desempenham um papel importante no ecossistema como predadores exclusivos de outros organismos e na manutenção do equilíbrio predador-presa. A aranha é utilizada como organismo modelo para a investigação em biologia, comportamento e comunicação.

Um bosque sagrado ou bosque sagrado é qualquer bosque de árvores que tenha uma importância religiosa especial para uma determinada cultura. Os bosques sagrados estão presentes em várias culturas de todo o mundo. As sociedades grega, romana, asiática e africana preservaram durante muito tempo secções do ambiente natural como bosques sagrados para Deuses e Deusas (Khiewtam & Ramakrishnan, 1989). Apesar de um rácio terra/homem geralmente muito elevado, os bosques sagrados, que são as relíquias da vegetação, sobreviveram numa variedade de situações ecológicas na Índia e representam pontos quentes de biodiversidade. Devido às alterações das condições socioeconómicas e dos sistemas de utilização dos solos, muitos bosques sagrados estão agora ameaçados e alterados em termos de dimensão, estrutura da vegetação e composição das espécies. Em Kerala, com base nos sistemas de gestão, os bosques sagrados podem ser classificados em três tipos. Os bosques sagrados são geridos por famílias individuais, por grupos de famílias e pelos organismos oficiais de gestão dos templos (Devaswom Board).

Os matagais são florestas que ocorrem nas zonas onde a precipitação anual se situa entre 20 e 70 cm, a estação seca é quente e muito longa. A vegetação é de tipo aberto, constituída por pequenas árvores (8 a 10 m de altura) e arbustos espinhosos ou espinhosos de crescimento atrofiado. As florestas permanecem sem folhas durante a maior parte do ano e são por vezes designadas por matagais de espinhos ou matagais. Há um crescimento luxuriante de ervas e gramíneas efémeras durante a estação das chuvas. A maioria dos matagais naturais ocorre em condições relativamente difíceis.

Em geral, os estudos taxonómicos sobre aranhas e invertebrados dos bosques sagrados de Kerala, na Índia, são poucos e limitados. Assim, este estudo foi realizado com o objetivo principal de obter a primeira representação completa da fauna de aranhas de dois habitats selecionados, o que ajudará a avaliar o estado da diversidade de aranhas nesta região, tendo em conta o seu valor de conservação.

METODOLOGIA

Área de estudo

Kalari - Pambum Kavu: Kalari - Pambum Kavu está situado entre 10°34'32.4" de latitude norte e 076° 10'21. 0" de longitude leste em Puzhakkal Taluk no distrito de Thrissur do estado de Kerala, Índia. O estudo pretende efetuar uma amostragem em diferentes regiões do bosque. Até à data, não foi efectuado qualquer trabalho sistemático sobre as aranhas deste bosque sagrado.

Mayiladum Kunnu: Mayiladum Kunnu está situado entre 10°36'22.1256" de latitude norte e 076° 10'19.5312"de longitude leste na aldeia de Thangalur de Thrissur Taluk no distrito de Thrissur de Kerala. O matagal é uma comunidade vegetal caracterizada por uma vegetação dominada por arbustos, incluindo frequentemente gramíneas, ervas e geófitos. Os matagais podem ocorrer naturalmente ou ser o resultado da atividade humana.

Tempo de estudo: A observação da aranha foi feita durante o período de 3 meses, de abril de 2017 a junho de 2017, que inclui as estações pré-monção e monção (parcial). As aranhas foram recolhidas uma vez por mês de manhã (das 7.00 às 11.00 horas).

Amostragem: Os métodos de amostragem padrão são a recolha manual, o método de batimento, a amostragem aérea e a recolha manual no solo. Os espécimes recolhidos foram transportados para o laboratório. Os espécimes comparativamente grandes foram fotografados no próprio campo com a ajuda de uma câmara digital especial e de uma objetiva (Canon EOS 5D digital SLR e objetiva macro Canon 180 mm). Os espécimes foram conservados em álcool a 70%, com a devida rotulagem da localidade, data e outras notas importantes para estudos posteriores. Os espécimes conservados foram examinados num microscópio estéreo com zoom (Magnus MSZ TR) no laboratório para identificação taxonómica. As aranhas foram identificadas até ao nível de espécie com a ajuda da literatura disponível, chaves e catálogos de Sebastian &

Peter (2009), Tikader (1987), Pocock (1900), Platnick (2010). Foram mantidos registos de campo durante todo o período de estudo. Os dados da recolha de campo também foram utilizados para calcular a riqueza de espécies, a diversidade de espécies e a abundância relativa das aranhas dominantes presentes em diferentes locais e estações. Os índices de diversidade, riqueza e regularidade das comunidades de aranhas foram calculados utilizando o programa SPSS. As caraterísticas ecológicas relacionadas com a forma de forrageamento, a natureza da teia, as espécies de presas, a utilização de micro-habitats e o padrão de atividade diária ao nível da família foram submetidas a uma classificação de guilda.

RESULTADOS

Foi recolhido um total de 50 espécies de aranhas pertencentes a 40 géneros de 14 famílias durante o período de estudo (Quadro 1). Das 14 famílias recolhidas durante o estudo, a família Salticidae foi a primeira família dominante.

Diversidade em termos de habitat

Kalari - Pambum Kavu: O bosque sagrado continha 27 espécies de aranhas pertencentes a 22 géneros de 14 famílias. A família mais dominante foi a Salticidae. A segunda família dominante foi a Uloboridae. As espécies mais dominantes foram a *Castianeira zetes* da família Corinnidae e a *Scytodes thoracica* da família Scytodidae.

Mayiladum Kunnu: Mayiladum Kunnu continha 29 espécies de aranhas pertencentes a 24 géneros e a 10 famílias. A família mais dominante foi a Salticidae. A segunda família dominante foi a Oxyopidae. As espécies mais dominantes são *Xysticus minutes* e *Hyllus semicupreus.*

As aranhas recolhidas durante o estudo foram divididas em 7 grupos ecológicos com base no modo de forrageamento das aranhas. Das 50 espécies de aranhas recolhidas nos habitats selecionados, a maioria das espécies (40%) pertence à categoria das "perseguidoras". O segundo grémio dominante é constituído pelas categorias "Ambushers" e "Orb web weavers" (18%). Os outros grupos são os "construtores de teias de folhas" (12%), os "corredores de folhagem" (6%), os "caçadores" (4%) e os "caçadores terrestres" (2%).

Índices de biodiversidade

Habitat	No. of Species (S)	No. of Individual (N)	Species richness (d)	Shannon -Weiner Index(H1)	Simpson Index (D)	Evenness (E)
Kalari-Pambum Kavu	26	75	0.346	2.784	0.926	0.854
Mayiladum Kunnu	29	57	0.508	2.962	0.879	0.879

DISCUSSÃO

A partir dos dados resultantes, fica-se com uma ideia do número de espécies em relação ao habitat da aranha e ao mês. Os habitats selecionados são, por exemplo, Kalari - Pambum Kavu (bosque sagrado) e Mayiladum Kunnu (selva de arbustos). Estes fornecem variações na composição das espécies. A dominância desta família na área de estudo é diretamente consequente à arquitetura da vegetação. A arquitetura da vegetação desempenha um papel importante na composição das espécies encontrados num habitat (Rypstra et al., 1999), e a vegetação que é estruturalmente mais complexa pode sustentar uma maior abundância e diversidade de aranhas.

Estudos demonstraram que existe uma correlação entre a complexidade estrutural do habitat e a diversidade de espécies. Uetz (1991) sugere que plantas estruturalmente mais complexas podem suportar uma comunidade de aranhas mais diversificada. Downie et al. (1999) e New (1999) demonstraram que as aranhas são extremamente sensíveis a pequenas alterações na estrutura do habitat, incluindo a complexidade do habitat e as caraterísticas microclimáticas.

O bosque sagrado de Kalari - Pambum Kavu era constituído por florestas húmidas e decíduas. A altitude média do bosque sagrado é de cerca de 28 m acima do nível médio das águas do mar. A área recebe monções de sudoeste e nordeste. A maior parte da precipitação ocorre durante a monção de sudoeste, de junho a setembro. A temperatura varia entre 20°C e 35°C. No verão, a temperatura sobe acima dos 35°C. Isto pode afetar a diversidade das aranhas. As aranhas têm geralmente preferências de humidade e temperatura que as limitam a áreas dentro da gama das suas tolerâncias fisiológicas, o que, por sua vez, as torna candidatas ideais para estudos de conservação da terra (Noss, 1990). A selva arbustiva era constituída por florestas de arbustos. A maior parte da precipitação é recebida durante a monção sudoeste, de junho a setembro.

A análise da diversidade determina a importância das diferenças observadas na estrutura da comunidade entre habitats selecionados (bosque sagrado e floresta arbustiva). Um índice de diversidade incorpora a riqueza e a uniformidade das espécies num único valor (Magurran, 1988). Dois índices de diversidade usados aqui são o índice de Shannon-Wiener (H1), que é sensível a mudanças na abundância de espécies raras numa comunidade, e o índice de Simpson (D), que é sensível a mudanças nas espécies mais abundantes numa comunidade. No presente estudo, o valor de H1 é superior na floresta arbustiva. Este facto indica a presença de algumas espécies raras na área. Ao mesmo tempo, também se regista um declínio no valor de D neste habitat. Ambos os habitats apresentaram um índice de diversidade elevado, próximo do valor 1. Este facto mostra o aumento da diversidade de espécies.

Neste estudo, entendeu-se que a diversidade de aranhas de um habitat selecionado, ou seja, o bosque sagrado e a selva, pretende criar dados primários sobre as aranhas desta região, abrindo caminho para mais investigação sobre o tema. Os dados produzidos sob a forma de uma lista de controlo serão de grande ajuda para quem estiver interessado em explorar a diversidade de aranhas desta região. Estudos futuros podem centrar-se noutros factores importantes, como os factores ambientais, a variabilidade microclimática reguladora do habitat e os factores de perturbação antropogénica, que podem afetar seriamente a diversidade faunística em grande escala.

Tabela 1. Lista de controlo das aranhas recolhidas em dois habitats selecionados durante o estudo

Sl. No.	Family/Genus/Species
	1. ARANEIDAE Simon, 1895
1	*Cyrtrophora citricola* Stoliczka,1869
2	*Neoscona mukerjei* Tikader, 1980
3	*Araneus* sp.

	2. ANPHYNIDAE Bertkau,1978
4	*Anyphaena* sp.
	3. CORINIDAE Karsch, 1880
5	*Castianeira zetes* Simon, 1897
	4. EUTICHURIDAE Lehtinen, 1967
6	*Cheiracanthium punctorium* Villers, 1789
7	*Cheiracanthium* sp.
	5. OXYOPIDAE Thorell, 1870
8	*Hamadruas* sp.
9	*Hamataliwa* sp.
10	*Oxyopes birmanicus* Thorell, 1887
11	*Oxyopes javanus* Thorell, 1887
12	*Oxyopes shweta* Tikader, 1970
13	*Peucetia ananthakrishnae* Murugesan et al., 2006
14	*Peucetia viridana* Stoliczka, 1869
	6. PHILODROMIDAE Thorell, 1870
15	*Thanatus* sp.
16	*Philodromus* sp.
17	*Tibellus elongates* Tikader, 1960
	7. PHOLCIDAE C. L. Koch, 1850
18	*Artema atlanta* Walckenaer, 1837
19	*Pholcus phalangioides* Fuesslin, 1775
	8. SALTICIDAE, Blackwall, 1841
20	*Asemonea tenuipes* O.P. Cambridge, 1869
21	*Bavia insularis* Malamel et al., 2015
22	*Epeus tener* Simon, 1877
23	*Eupoa* sp.
24	*Hyllus semicupreus* Simon, 1885
25	*Myrmarachne plataleoides* O.P. Cambridge 1869
26	*Neon reticulatus* Blackwall, 1853
27	*Phintella vittata* C. L. Koch, 1846
28	*Siler* sp.
29	*Telamonia dimidiata* Simon, 1899
30	*Thyene* sp.
	9. SCYTODIDAE Blackwall, 1864
31	*Scytodes thoracica* Latreille, 1802
32	*Scytodes pallida* Doleschall, 1859
	10. SPARASSIDAE Bertkau, 1872
33	*Heteropoda* sp.
34	*Olios milleti* Pocock, 1901
	11. TETRAGNATHIDAE Menge, 1866
35	*Tylorida striata* Thorell, 1899
	12. THERIDIIDAE Sundevall, 1833
36	*Achaearanea* sp.
37	*Achaearanea durgae* Locket, 1980
38	*Theridiid* sp.
39	*Thwaitesia margaritifera* O.P. Cambridge, 1881

	13. THOMISIDAE Sundevall, 1833
40	*Amyciaea forticeps* O.P. Cambridge, 1873
41	*Camaricus* sp.
42	*Heriaeus* sp.
43	*Thomisus projectus* Tikader, 1960
44	*Thomisus* sp.
45	*Xysticus minutes* Tikader 1960
	14. ULOBORIDAE Thorell, 1869
46	*Miagrammopes* sp.
47	*Uloborus glomosus* Walckenaer, 1841
48	*Uloborus krishnae* Tikader, 1970
49	*Uloborus* sp.
50	*Zosis geniculatus* Latreille, 1806

RECONHECIMENTO

Os autores agradecem ao Diretor do Christ College, Irinjalakuda, pela disponibilização das instalações. Os autores agradecem também a Sruthi E.S, Sudhin P.P., Nafin K.S e Drisya Mohan O.M. pelas suas valiosas sugestões e apoio. Este estudo foi financiado pelo E- grantz Scheme, Governo de Kerala.

REFERÊNCIAS

Downie I.S. 1999. The impact of different agricultural land-uses on epigeal spider diversity in Scotland. *Journal of Insect Conservation* 3, 273 - 286.

Khiewtam R.S. & Ramakrishnan P.S.1989. Estudos socioculturais dos bosques sagrados de Cherrapunji e áreas adjacentes no Nordeste da Índia. *Man in India* 69 (1):64-71.

Magurran A. E.1988. Ecological diversity and its measurement. Nova Jersey, Princeton University Press, 255 p.

Novo T. R. 1999. Untangling the web: spiders and the challenges of invertebrate conservation. *Journal of Insect Conservation*, 3, 251-256.

Noss R.F. 1990. Indicadores para a monitorização da biodiversidade: Uma abordagem hierárquica. *Conserv. Biol.*, 4(4): 355-364.

Platnick N.I. 2013. O catálogo mundial de aranhas, versão 13.5. Museu Americano de História Natural, janeiro de 2013.

Pocock R.I. 1900. Great Indian Spiders - The genus *Pocecilotheria*: Its habits, history And Species. *Journal of Bombay Natural History Society*, 13:121-133.

Rypstra A.L., P.E. Carter, R.A. Balfour & S.D. Marshall. 1999. Caraterísticas arquitectónicas dos habitats agrícolas e o seu impacto nas aranhas que os habitam. *J. Arachnol.* 27:371n377.

Sebastian P.A & Peter K.V. 2009. Spiders of India. University Press Pvt. Ltd. Hyderabad, Índia.

Tikader B.K. 1987. A hand book on Indian spiders.ZSI.350 pp.

Uetz G. W. 1991. Habitat structure: the physical arrangement of objects in space. Londres, Chapman andHall, 348 p.

Catálogo mundial de aranhas. 2017. Catálogo Mundial de Aranhas. Museu de História Natural Bem, Online em http://wsc.nmbe.ch,version18.5, doi: 10.24436/2

Capítulo 25

MORFOLOGIA DOS BAGWORMS (FAMÍLIA: PSYCHIDAE) DE OCORRÊNCIA COMUM EM KERALA - UMA FERRAMENTA TAXONÓMICA

Usha A.U. e Joyce José

Departamento de Investigação e Pós-Graduação em Zoologia,
St. Thomas' College (Autónomo), Thrissur, Kerala

RESUMO

A confeção de sacos é a caraterística mais proeminente dos bichos do saco (Família: Psychidae). Constroem sacos utilizando diferentes materiais como fios de seda, ramos de plantas, folhas, espinhos e outras partes de plantas. Observou-se que cada espécie de bicho-do-saco tem um tipo único de comportamento de construção de sacos e de arquitetura de sacos, sobre os quais ainda não foram realizados muitos estudos. Do ponto de vista taxonómico, é importante classificar os bichos-de-saco, pelo menos a um nível genérico, de acordo com a sua arquitetura de saco, devido ao ciclo de vida único destes insectos, em que a fêmea nunca emerge do saco e o macho tem uma vida útil muito curta após a emergência. Este estudo descreve e compara a morfologia de três sacos diferentes de *Eumeta* sp., *Brachycyttarus* sp. e *Pteroma* sp. *Eumeta* sp. constrói sacos com paus de cerca de 5 cm de comprimento dispostos de forma circular. Os ninhos de *Brachycyttarus* são caracterizados por uma mistura de material (folhas embebidas em seda) para formar um saco em forma de cone. *Pteroma* sp. tinha um saco semelhante ao de *Brachycyttarus,* mas diferia no fio de fixação e no tamanho.

Palavras chave: Psychidae, vermes do saco, *Eumeta, Brachycyttarus, Pteroma*

INTRODUÇÃO

Um ninho é uma estrutura construída por certos animais para guardar os seus ovos, a sua descendência ou, ocasionalmente, o próprio animal. Embora os ninhos estejam mais estreitamente associados às aves, membros de todas as classes de vertebrados e alguns invertebrados constroem ninhos. A confeção de sacos é a caraterística mais proeminente dos bichos-sacos, que os constroem utilizando diferentes materiais, como fios de seda, ramos de plantas, folhas, espinhos e outras partes de plantas. A família dos vermes do saco tem 1350 espécies descritas de 241 géneros a nível mundial (Nieukerken et al., 2011), exceto na Antárctida. Hampson (1892) listou 36 espécies da Índia Britânica, incluindo Sri Lanka e Myanmar e é suposto ser o registo mais antigo de bagworms da Índia. Um estudo recente (Sobczyk, 2011) indica a presença de 106 espécies pertencentes a 34 géneros na Índia. Os bichos-de-saco constroem os seus sacos utilizando diferentes materiais, como ramos de plantas, folhas, espinhos, flores e outras partes de plantas, sobre um saco de seda. Completam o seu ciclo de vida dentro dos seus sacos e apenas o inseto macho eclode como uma traça alada do saco, a maioria das fêmeas são ápteras e persistem como um saco de ovos dentro do saco (Rhainds, et.al., 2009). A documentação destes insectos é muito significativa porque, por serem polífagos, várias espécies são pragas desfolhadoras de culturas cultivadas, causando danos económicos moderados a graves (Basri, 1993).

No Sudeste Asiático, há muitos registos de danos graves causados por bagworms em plantações de palmeiras e outras plantas de importância económica (Shah et al., 2016).

Embora os bagworms não se tenham manifestado como uma praga importante em Kerala, há sempre a possibilidade de se tornarem uma praga devido a práticas agro-florestais imprudentes, perturbações do habitat e alterações climáticas. Existe uma escassez de literatura científica recente do Sul da Índia baseada em estudos exaustivos sobre os bagworms. Este estudo é uma tentativa preliminar de analisar as caraterísticas morfológicas dos sacos dos bichos-da-seda de ocorrência comum em Kerala.

MATERIAIS E MÉTODOS

Os sacos de larvas foram recolhidos em zonas habitadas por humanos/alteradas no estado de Kerala, na Índia. Os sacos foram recolhidos das plantas hospedeiras através do método de colheita manual e os sacos recolhidos foram medidos e registados todos os caracteres morfológicos. Os sacos foram então criados dentro do frasco de criação para exames e estudos posteriores. Quando uma traça macho eclodiu de um saco, foi identificada até ao nível genérico utilizando chaves de identificação padrão.

RESULTADOS E DISCUSSÃO

Os sacos eram basicamente constituídos por fios de seda produzidos pelo próprio animal. Outros materiais utilizados eram folhas, galhos, espinhos, flores e outros materiais vegetais. Cada género utilizava materiais específicos para a confeção dos seus sacos e apresentava um padrão único de comportamento na confeção dos mesmos. Os caracteres morfológicos dos sacos dos três géneros são os seguintes

Eumeta sp. - A espécie *Eumeta* foi o verme de saco mais comum em quase todas as áreas estudadas. Tem uma forma quase cilíndrica e é constituída por ramos de plantas na superfície de um saco sedoso feito pelas larvas. Os galhos estão dispostos num padrão circular, o que confere ao saco uma forma cilíndrica. A maioria dos sacos tem como caraterística comum o facto de possuírem uma vara proporcionalmente mais comprida. As larvas renovam ou aumentam o tamanho do seu saco utilizando os paus mais compridos em cada instar progressivo. A maioria dos paus utilizados para o fabrico de sacos provém da sua planta hospedeira.

Brachycyttarus sp. - O saco desta espécie tem a forma de um cone, é de cor creme esbranquiçada e tem duas aberturas nas extremidades anterior e posterior. O saco é uma estrutura dura e coriácea constituída por fios de seda e pequenos pedaços de folhas. Um saco larvar maduro mede 19,5 mm e tem 9,4 mm de circunferência na extremidade anterior e 10,4 mm na posterior. As cápsulas da cabeça das larvas de cada instar estão presas à região do pescoço do saco, pelo que se deduz que o número de instares é de 7 ou 8.

Pteroma sp. - É um saco de tamanho relativamente pequeno. A principal caraterística deste tipo é o longo fio na parte anterior do saco, que é mais comprido do que o saco e ajuda a fixar o saco à planta hospedeira. O comprimento médio do saco é de 9 mm. A forma é uma mistura de cone cilíndrico. A superfície do saco é quase lisa e esparsamente coberta por pequenos pedaços de folhas.

Quadro 1. Principais caraterísticas dos sacos

Sl. No.	Genus	Bag characters		
		Colour	Length/ width (mm)	Features
1	*Eumeta* sp.	Dark brown	46/32	Cylindrical, made up of twigs, have one long stick
2	*Brachycyttarus* sp.	Whitish, creamy white with brown spots	20/19	Conical, leathery smooth, made up of mainly tough silky material and pieces of leaves
3	*Pteroma* sp.	Brownish	9/2.5	Small compared to others, almost cylindrical, smooth surface with bits of leaves and possess long thread anteriorly

O saco de *Eumeta* sp. é o maior dos três e tem pelo menos um pau que é desproporcionalmente mais comprido do que os restantes paus da caixa e exibe um padrão rítmico na disposição destes materiais à volta do seu saco. Em cada instar, aumenta o tamanho da sua bolsa, descartando os materiais mais antigos, como espinhos e/ou galhos, e anexando materiais mais novos e maiores. Este fenómeno foi designado por comportamento de renovação da bolsa (Agrawal & Pati, 2003). Os sacos das outras duas espécies ainda não foram descritos em pormenor. A caraterística única do saco de *Brachycyttarus* sp. é a fixação das cápsulas da cabeça das larvas de cada instar na região do pescoço do saco, o que permite deduzir que o número de instares é de 7 ou 8. *Pteroma* sp. tem o saco mais pequeno com um longo fio de fixação.

CONCLUSÃO

A morfologia dos vermes do saco é importante porque ajuda o agricultor e o homem comum a identificar corretamente a praga esquiva com um ciclo de vida obscuro. A importância dos insectos fitófagos vermes dos sacos como praga tem sido subestimada e o número de estudos em habitações humanas é inexistente. O presente estudo, uma tentativa preliminar de identificar os sacos de espécies de bagworms comummente encontradas, indica claramente que a morfologia do saco é uma ferramenta taxonómica crucial.

RECONHECIMENTO

Agradecemos ao Dr. P.O. Jenson (Diretor) e ao Dr. Francy K. Kakkassery (Chefe do Departamento de Zoologia), St. Thomas' College (Autónomo), Thrissur, pelas instalações disponibilizadas para o nosso trabalho de investigação. Estamos gratos à UGC-NFSC 2017-18 pela assistência financeira.

REFERÊNCIAS

Agrawal A. & Pati A. K. 2003. Larval Case Renovation - A Unique Behaviour In Bagworm Moth, *Eumeta crameri* Westwood. *Current Science*, 85(12), 1674-1679.

Basri M. W. 1993. História de vida, ecologia e impacto económico da lagarta do saco, Metisa plana Walker (Lepidoptera: Psychidae) na palmeira de óleo, Elaeis guineensis Jacquin (Palmae), na Malásia. Tese de doutoramento. Univ. Guelph, Canadá. 217 pp.

Hampson G.F. 1892. *The Fauna of British India including Ceylon and Burma-Moths* Vol. 1, (eds.) Blanford, W.T., Published by Taylor and Francis, London, pp.289304.

Nieukerken, Erik, V.J., et. al. 2011. Ordem Lepidoptera Linnaeus, 1758. *Em*: Zhang, Z.-Q. (ed.) Animal Biodiversity: An outline of higher classification and survey of taxonomic richness, *Zootaxa,* (3148), pp. 237.

Rhainds M., Davis D. R. & Price P. W. 2009. Bionomics of bagworms (Lepidoptera: Psychidae). *Revisão Anual de Entomologia, 54,* 209-226.

Shah S.K., Biswas O., Mazumder A. & Banerjee A. 2016. Indian Bagworms (Insecta: Lepidoptera: Psychidae) Zoological Survey of India, M-Block, New Alipore, Kolkata

Sobczyk T. 2011. Psychidae (Lepidoptera) - *Em* M. Nuss (ed.), *Catálogo Mundial de Insectos,* 10: 1-467.

Capítulo 26

OBSERVAÇÕES SOBRE A DIVERSIDADE DOS MANGAIS DA REGIÃO DE KERALA

Vinaya K.* e C.F. Binoy

PG & Research Department of Zoology,
St. Thomas' College (Autónomo), Thrissur, Kerala
**vinayamdas@gmail.com*

RESUMO

A biodiversidade dos habitats de mangais em Kerala foi analisada e discutida. Até à data, existem 15 espécies de plantas de mangal verdadeiras pertencentes a 12 géneros e 8 famílias registadas em Kerala. Rhizophoraceae é a família mais representativa. Em termos de diversidade de mangais, a Índia ocupa o terceiro lugar no mundo, depois da Indonésia e da Austrália. Cerca de 5 % da vegetação de mangais do mundo está presente na Índia. Da área total de vegetação de mangais da Índia, cerca de 29% está presente na costa ocidental. Os mangais de Kerala estão distribuídos por todos os distritos, exceto Idukki, Palakkad, Pathnamthitta e Wayanad. A maior floresta de mangais de Kerala situa-se no distrito de Kannur. Verifica-se um declínio drástico da extensão da vegetação de mangue em Kerala. A área coberta diminuiu de cerca de 4200 km^2 para 2502 km^2 recentemente. *Lumnitzera racemosa, Nypa fruticans* e *Ceriops tagal* são as espécies mais ameaçadas na costa ocidental da Índia. *A Bruguera parviflora* distribui-se pelo norte de Kerala, enquanto *a Heritiera littoralis* se limita ao sul. A fauna dos mangais tem sido relativamente pouco estudada. Os dados documentados relativos à fauna dos mangais dizem-nos que existem cerca de 489 espécies, incluindo invertebrados e vertebrados. Isto inclui 144 espécies de invertebrados e 345 espécies de vertebrados. Os mangais, escudo natural de várias calamidades, albergam uma variedade de flora e fauna especializadas que estão à beira da destruição. Devem ser realizados programas periódicos de monitorização da biodiversidade para os monitorizar e preservar para o futuro.

Palavras-chave: Mangues, biodiversidade, Kerala

INTRODUÇÃO

Os mangais incluem uma grande variedade de arbustos e árvores que estão adaptados ao ambiente intertidal tropical. São considerados como um dos ecossistemas mais produtivos do mundo. Os serviços ecológicos incluem a produção de alimentos, a retenção do solo, o ciclo de nutrientes, a prevenção da erosão do solo, a polinização, o abrigo para muitos organismos, para além dos valores recreativos e culturais.

O termo "mangal" refere-se a um conjunto de árvores e arbustos tropicais que crescem na zona intertidal. Vários autores definiram o termo de forma diversa. O dicionário Oxford mencionou as palavras 'mangrove' e 'mangrowe' desde 1613, indicando árvores ou arbustos tropicais encontrados em pântanos costeiros com raízes emaranhadas que crescem acima do solo, enquanto os americanos, os espanhóis e os portugueses usaram o termo 'Mangle' e 'Mangue' indicando árvores e arbustos do género *Rhizophora* (Mepham & Mepham, 1984). Em 1976, Chapman utilizou o termo 'Mangrove' para as plantas intertidais e 'Mangal' para as comunidades vegetais da floresta intertidal. De acordo com Tomlinson (1986), são necessários os seguintes critérios para que uma espécie seja designada como "mangal verdadeiro ou estrito":

1. Fidelidade total ao ambiente do mangue.

2. Desempenha um papel importante na estrutura da comunidade e tem a capacidade de formar povoamentos puros.

3. Especialização morfológica para adaptação ao habitat.

4. Especialização fisiológica para adaptação ao seu habitat.

5. Isolamento taxonómico de parentes terrestres.

Assim, mangue é um termo não taxonómico utilizado para descrever um grupo diversificado de plantas que estão todas adaptadas a um habitat húmido e salino. Vários outros autores, como Blasco 1975, 1977; Clough, 1982; Davis, 1940; Macnae, 1968; Naskar e Guha, 1987, tiveram a mesma opinião de que as plantas que crescem entre os limites mais altos e mais baixos da maré podem ser consideradas 'mangue'.

Kerala situa-se na costa sudoeste da Índia, entre Lakshadweep e Western Ghats. O Kerala é abençoado com três estações únicas e distintas: a monção do sudoeste (junho-setembro), a monção do nordeste ou pós-monção (outubro-janeiro) e a pré-monção (fevereiro-maio). Estende-se entre as latitudes 8"18' e 12" 48'N e as longitudes 71"53' e 77"24'E e tem uma superfície de 38.864 km^2 , dos quais as zonas húmidas costeiras constituem uma superfície de 937,3 km^2 (Nair & Sarkar, 2002). A faixa costeira de Kerala ocupa uma área de cerca de 570 km^2 . Três dos sítios Ramsar estão situados em Kerala: o lago Sasthamkota, o lago Ashtamudi e o lago Vembanad, que domina as águas do Estado e se situa entre Alappuzha e Kochi. Este artigo analisa a diversidade dos mangais de Kerala e a sua distribuição a nível distrital. Kerala já teve cerca de 700 km^2 de mangais ao longo das suas costas (Ramachandran *et al.*, 1986) e agora o que vemos são apenas relíquias de um passado grandioso, uma vez que estão a sofrer uma pressão intensa devido à destruição pelo homem para várias actividades de desenvolvimento.

Os mangais de Kerala foram descritos desde tempos remotos. Os mangais da costa de Malabar foram descritos por Van Rheede (1678-1703) na sua obra monumental, *Hortus Indicus Malabaricus.* Ele descreveu 8 espécies. Mais tarde, Beddomme, 1866; Hooker, 1872; Bourdillion, 1908; Rama Rao, 1914 e Gamble, 1915-1935 descreveram os mangais da costa de Malabar. Vários autores estudaram as utilizações dos mangais. Durry (1873) descreveu as utilizações medicinais e económicas dos mangais nas costas de Kerala. Gamble (1902) descreveu as propriedades e utilizações da madeira das espécies de mangue *Sonneretia acida, Kandeli rheedii, Lumnitzera racemosa e Avicennia tomentosa* encontradas na costa de Kerala. Uma mancha de mangais em Kerala foi distribuída nas regiões intertidais de Kannur, Kasargode, Kozhikode, Malappuram, Thrissur, Kochi, Alappuzha, Kollam e Thiruvananthapuram. A cartografia da flora dos mangais da costa de Kerala foi efectuada por Ramachandran (1985, 1986). Ele registou 39 mangais e espécies associadas aos mangais. De acordo com Banerjee *et al.* (1989), 32 espécies de mangais pertencentes a 24 géneros e 17 famílias foram registadas em Kerala. No entanto, Basha (1991) registou apenas 27 espécies pertencentes a 21 géneros e 17 famílias. Anupama e Sivadasan (2004) registaram 15 mangais verdadeiros pertencentes a 9 géneros e 7 famílias e 49 associados de mangais de Kerala. Um total de 19 espécies pertencentes a 12 géneros e 8 famílias foram reconhecidas como mangais verdadeiros em Kerala, das quais cinco espécies de mangais verdadeiros, como *Bruguiera parviflora, Sonneratia apetala, Avicennia alba, Heritiera littoralis* e *Nypa fruticans*, foram registadas em Kerala por Mohandas *et al.* (2014) e são tratadas como espécies duvidosas na literatura.

Naskar (1993) cunhou o termo 'Associado de mangue' para a flora que representa espécies herbáceas não-abescentes, trepadeiras sub-lenhosas, encontradas crescendo principalmente em regiões que fazem fronteira com a periferia das marés do habitat de mangue. Bijoy *et al.*, (2015) registaram 38 espécies associadas aos mangais encontradas em Kerala. *Derris trifoliata* e *Clerodendron inermi* são as espécies mais dominantes.

Distribuição dos mangais por distrito

Embora Kasargode seja rica em rios, a cobertura de mangais é comparativamente menor e a espécie dominante registada foi *Acanthus ilicifolius*. *Avicennia marina* ocupa a segunda posição, seguida de *Kandelia candel*. *Lumnitzera racemosa, Rhizophora mucronata* e *Avicennia officinalis* são as outras espécies proeminentes aí encontradas. *Bruguiera sexangula* foi registada em Kasargode pela primeira vez por Mohandas *et al.*, em 2014. O distrito de Kannur é a zona costeira de Kerala mais rica em mangais. Os mangais estão distribuídos em zonas como Chempallikundu, Cherukunnu, Dharmadam, Ezhome, Koduvalli, Kunjimangalam, Madakkara, Pazhayangadi, Valapayttanam, Edakkad e Thavam. Das 15 espécies registadas, 12 encontram-se em Kannur (Bijoy *et al.*, 2015), sendo a mais dominante *o Acanthus ilicifolius*. Todos os sítios em Kannur tinham espécies de *Avicennia* e *Rhizophora*. Outra caraterística marcante registada em Kannur foi a ausência de duas espécies de *Bruguiera* (Bijoy *et al.*, 2015). Embora o distrito de Kannur tenha uma floresta de mangue luxuriante, uma grande parte dela está sob propriedade privada e, por isso, está a enfrentar uma intensa destruição do habitat (Vidyasagaran, 2014).

No distrito de Kozhikode, os mangais perderam a sua glória passada devido à intensa destruição e apenas restam algumas manchas de mangais em Kallai, Koyilandi, Beypore e Kolavipalam. Kadalundi tem um mangal proeminente, sendo as espécies predominantes *Avicennia officinalis, Acanthus ilicifolius* e *Acrostichum aureum*.

Malappuram tem menos habitat de mangais. A Reserva Comunitária de Kadalundi - Vallikunnu, a primeira do seu género no Estado, é a principal zona rica em mangais. Entre as espécies de mangue encontradas no estuário, a *Acanthus ilicifolius* é a predominante, seguida da *Avicennia officinalis*. Os mangais de Pulluni de Tirur, no distrito de Malappuram, estão a ser fortemente destruídos, juntamente com uma espécie de planta em perigo de extinção, *Bruguiera sexangula* (Vidyasagaran & Madhusoodhanan, 2014). Os mangais encontram-se em manchas em Chettuva, Kodungallur e Azhikode no distrito de Thrissur. Também aqui *Acanthus ilicifolius* e *Aviecinia officinalis* são as espécies dominantes. Na parte central de Kerala, Ernakulam tem a maior parte dos mangais, que estão a ser severamente destruídos devido a actividades de desenvolvimento. No santuário de aves de Mangalavanam, a vegetação é rica e as espécies predominantes são *Rhizophora mucronata, Avicennia officinalis* e *Excoecaria agallocha*.

Alappuzha, famosa pelos remansos, também alberga mangais ricos nos remansos de Vembanad e Kayamkulam. *Rhizophora mucronata, Excoecaria indica* e *Acanthus ilicifolius* são as espécies dominantes (Bijoy *et al.*, 2015). O Santuário de Aves de Kumarakom, Vaikom e Pallichira são os habitats de mangal predominantes, onde *Bruguiera sexangula* e *Acanthus ilicifolius* são abundantes. Na parte sul de Kerala, a vegetação de mangal está localizada nos distritos de Kollam e Thiruvananthapuram. Em Kollam, os mangais são vistos no sistema de zonas húmidas de Ashtamudi, onde foram encontrados *Ceriops tagal* e *Avicennia alba*. Para além destes dois, também se encontram *Acrostichum aureum, Avicennia marina, Avicennia officinalis* e *Rhizophora mucronata*. Em Thiruvananthapuram, as poucas manchas de mangais deixadas após a destruição encontram-se na região estuarina de Veli-Akkulam e as espécies de mangais encontradas incluem *Sonneratia caseolaris, Avicennia officinalis* e *Acrostichum aureum*.

Fauna dos mangais de Kerala: Os estudos sobre a fauna e a sua distribuição nos mangais de Kerala não estão completamente documentados. De acordo com o relatório do Zoological Survey of India, existem 489 espécies no total, das quais 345 são vertebrados e 144 invertebrados (ZSI, 2006). As interações ecológicas e as funções que estas espécies desempenham neste ecossistema estão ainda por compreender.

CONCLUSÃO

Os mangais são um dos ecossistemas mais produtivos do mundo. A presente revisão dá-nos uma ideia geral dos mangais em Kerala e da sua distribuição por distrito. Também foram registadas cerca de 15 espécies de plantas de mangal e 489 espécies animais nos mangais. Os mangais estão sujeitos a uma pressão intensa devido às actividades antropogénicas. Para proteger e manter este valioso ecossistema, é necessário um planeamento eficaz e a reabilitação dos mangais degradados, bem como a sensibilização das comunidades locais para a necessidade de conservação dos mangais.

RECONHECIMENTO

Estamos gratos ao Conselho Estatal de Kerala para a Ciência, Tecnologia e Ambiente por ter concedido apoio financeiro sob a forma de uma bolsa de investigação. Agradecemos também ao Diretor, à Direção, ao Chefe do Departamento de Zoologia e a outros docentes do Departamento de Zoologia do St. Thomas' College (Autónomo), Thrissur, pelo seu apoio e encorajamento.

REFERÊNCIAS

Anupama C. & Sivadasan M. 2004. Mangroves of Kerala, India. Rheedea 14:9-46pp Basha C. S.1991. Distribuição dos mangais em Kerala. *Indian Forester* 117 (6), 439-449.

Banerjee V. & Choudhary P. K. R. 1987. Preliminary studies on artificial regeration of mangrove forest in Sundarbans, West Bengal. *The Indian Forester.* 112(12):203-222pp.

Beddome R.H. 1866. The Flora Sylvatica of Southern India. Grantz Bros. Madras.

Bijoy N., S. Sreelakshmi, Preethy C.M., Rani V., & Philomina J. (eds). 2015. Manual on Mangroves. Direção de Relações Públicas e Publicações, CUSAT, Kochi, Índia.

Blasco F. 1977. Esboço de ecologia, botânica e silvicultura dos mangais do subcontinente indiano. pp. 241-260. In: (Chapman, V.J. ed.) *Ecosystems of the World 1: Wet Coastal Ecosystems.* Elsevier, Amesterdão.

Blasco F. 1975. The Mangroves in India. Instituto Francês de Pondicherry, Índia, Sri Aurobinda Ashram, Índia.

Bourdillion T. F. 1908. The Forests of Travancore. Trivandrum, Kerala.

Chapman V.J., 1976. Mangrove Vegetation. J. Cramer, Valduz, 447pp.

Clough B. F. 1982. Mangrove Ecosystems in Australia: Structure, Function and Management. Australian National University Press, Camberra.

Davis J. H. 1940. The ecology and Geologic role of mangroves in Florida.Carnegie Institute, Washington Publication no.517: 303-412 pp.

Centro ENVIS. 2002. *Mangroves of India*. Série de publicações ENVIS 2. Tamil Nadu, Índia: Universidade de Annamalai, p. 139.

Gamble J. S. 1915-1935. Flora of the Presidency of Madras, Botanical Survey of India, Calcutá, 1939pp (3 vols).

Hooker J. D. 1872-1897. Flora of British India. Vols.1-7. L., Reeve and Co. London.

Macnae W. 1968. A General account of the fauna and flora of mangrove swamps and forests in the Indowest Pacific region. *Avanços em Biologia Marinha*. 6:73270pp.

Mepham R.H. & Mepham J.S. 1984. The flora of tidal forest - a rationalization of the use of the term 'mangrove'. *South African Journal of Botany*, 51:75-99pp.

Mohandas M., S. Lekshmy & T. Radhakrishnan. 2014. Manguezais de Kerala - Pastos de Estuários - Sua Situação Atual e Desafios. *Revista Internacional de Ciência e Investigação* 3: 2804-2809.

Nair A.S.K. & Sankar G., 2002. Wetlands of Kerala. In, Wetland conservation and Management in Kerala. *Actas do tópico temático do décimo quarto* congresso *científico*. 27-36pp.

Naskar K. R. 1993. Plant Wealth of the Lower Ganga Delta- An Ecotaxonomical Approach. Daya Publishing House, Nova Deli.

Naskar K.R. & Guha Bakshi D. N. 1987. Mangrove swamps of the Sunderbans- An ecological perspective. Naya Prakash, Calcutá, Índia, 263pp.

Rama Rao M. 1914. Flowering Plants of Travancore. Trivandrum.

Ramachanadran K. K., Mohanan C. N., Balasubramanian G., Kurien J. & Thomas J. 1986. The Mangrove Ecosystem of Kerala, its mapping inventory and some new environmental aspects. Relatório do Projeto (1985-86), Thiruvananthapuram.

Ramachandran K.K., Balasubramanion G., Kurien J. & Thomas J. 1985. The mangrove ecosystem of Kerala: its mapping, inventory and some environmental aspects. Centro de Estudos de Ciências da Terra, Trivandrum, Kerala, 51pp.

Tomlinson P.B. 1986. The Botany of Mangroves. Cambridge University Press, Nova Iorque, 65-78pp.

Van Rheede H. A. 1678-1703. Hortus Indicus Malabaricus, 12 volumes. Amesterdão.

Vidyasagaran K. & V.K. Madhusoodanan. 2014. Distribuição e diversidade de plantas de manguezais na costa oeste de Kerala, Índia. *J. Biodivers. Environ. Sci.*4: 38-45.

CONSELHO ESTATAL DE KERALA PARA A CIÊNCIA, TECNOLOGIA E AMBIENTE

Sasthra Bhavan, Pattom, Thiruvananthapuram-695 004

N.º de telefone 0471-2548222, 2548220, 2548442

www.kscste. kerala.gov.in

O Conselho Estatal de Kerala para a Ciência, Tecnologia e Ambiente (KSCSTE) é uma organização empenhada na promoção da ciência, educação, investigação e temperamento científico.

Partilhando os esforços constantes de Kerala no apoio a programas de desenvolvimento, o programa de ciência e tecnologia do KSCSTE está a desenvolver vários programas criativos no sector da ciência. O KSCSTE está agora a olhar para o futuro, fornecendo investigação de classe mundial e implementando parâmetros de qualidade globalmente aceites relativos ao desenvolvimento global do Estado.

VIAS DE INVESTIGAÇÃO, BOLSAS DE ESTUDO E BOLSAS DE ESTUDO

> *Regime de cientista emérito para cientistas seniores*

> *Bolsas de doutoramento e pós-doutoramento*

> *Bolsas de estudo em redação científica e comunicação científica*

> *Bolsas de estudo Prathibha para estudantes que optam pela aprendizagem das ciências*

APOIO FINANCEIRO A PROJECTOS

> *Subvenção para projectos de investigação em áreas emergentes da ciência (regime SRS), tecnologia (regime ETP) e ambiente (regime E&E)*

> *Projeto para alunos de escolas e universidades*

> *Projectos individuais e colaborativos nas áreas de Engenharia e Ambiente*

> *Regimes biotecnológicos ligados à indústria*

> *Programas intensivos para inovadores da tecnologia rural (programa RTP) e da biotecnologia*

> *Esquema SARD centrado em áreas de atividade específicas*

> *Inovação e Desenvolvimento Tecnológico (TDAP) e Centro de Informação de Patentes*

PROGRAMAS DE PROMOÇÃO

> *Kerala Shastra Puraskaram para cientistas eminentes*
> *Prémio de Literatura Científica*
> *Programa de regresso ao laboratório para mulheres*
> *Formação reintegrada orientada para as competências profissionais [VSORT]*

> *Tech Fest, Green Corps, Eco Clubs*
> *Sasthra Poshini & Sasthra Bhodhini*

PROGRAMAS DE DIVULGAÇÃO

> *Programa de Popularização da Ciência*
> *Apoio a Seminários, Simpósios e Workshops*
> *Dia Nacional da Ciência, Dia Nacional da Tecnologia, Dia Mundial do Ambiente, Dia do Ozono, etc.*

O KSCSTE está também a alargar as actividades às seguintes áreas

> *Transferência de tecnologia*
> *Cidade da Ciência*
> *Formação em gestão científica*
> *Armazém da Inovação e projectos de rejuvenescimento do rio*
> *Produção de vídeo sobre sensibilização para a ciência*

FOTO DO SEMINÁRIO

1. Siji P.K., Colégio de Cristo, Irinjalakuda
2. Resmi Raj, St. Joseph's College, Irinjalakuda
3. Kavitha P.A., St. Thomas' College, Thrissur
4. Bincy Baby, Colégio de Cristo, Irinjalakuda
5. Anjitha Krishnan, Christ College, Irinjalakuda
6. Priya Bhaskaran, Universidade de Calicute
7. Dr. Sudhikumar A.V., Christ College, Irinjalakuda (Convocador)
8. Thanveer Banu, Christ College, Irinjalakuda
9. Albert Anto, Colégio de Cristo, Irinjalakuda
10. Dr. Abhilash Peter, Christ College, Irinjalakuda (Secretário da Organização)
11. Arun George, Christ College, Irinjalakuda
12. Prasad N.K., Colégio Governamental KKTM, Pullut
13. Shaun Paul Adambukulam, St. Thomas' College, Thrissur
14. Anoopkumar A.N., St. Joseph's College, Irinjalakuda
15. Dr. Leyon Varghese, Christ College, Irinjalakuda (Comité Organizador)
16. Dr. Bijoy C., Christ College, Irinjalakuda (Comité Organizador)
17. Dr. Moncey Vincent, Colégio do Sagrado Coração, Thevara, Kochi
18. Shihabudeen A.S., Colégio Governamental KKTM, Pullut
19. Siviya Davis, Christ College, Irinjalakuda
20. P. Jijo Thattil, Colégio do Sagrado Coração, Thevara, Kochi
21. Sunil T.V., Colégio de Cristo, Irinjalakuda
22. Dr. Santhosh M.P., Colégio Sree Krishna, Guruvayur
23. Sumesh N.V., Colégio de Cristo, Irinjalakuda
24. Shilpa K. R., Colégio do Sagrado Coração, Thevara, Kochi
25. Lijy T.J., St. Joseph's College, Irinjalakuda
26. Josna Victoria K. Johnson, St. Thomas' College, Thrissur
27. Christy P. P., Colégio do Sagrado Coração, Thevara, Kochi
28. Dr. Balu Kuzhivelil, Christ College, Irinjalakuda (Júri)
29. Dr. Joshi C.O., Christ College, Irinjalakuda (Comité Organizador)
30. Nisha V.S., Colégio Sree Narayana, Nattika
31. Aparna Vasudevan, Colégio do Sagrado Coração, Thevara, Kochi
32. Greetta James, Colégio do Sagrado Coração, Thevara, Kochi
33. Fathibi K., St. Joseph's College, Irinjalakuda
34. Ir. Nicy Pauly, Colégio do Sagrado Coração, Thevara, Kochi
35. Deena Rose Joseph, Colégio do Sagrado Coração, Thevara, Kochi
36. Akhila Anilkumar, Colégio do Sagrado Coração, Thevara, Kochi
37. Roshni V.R., Vimala College, Thrissur
38. Dr. Remya V.K., Colégio Sree Narayana, Nattika
39. Neenu Joy, Christ College, Irinjalakuda
40. Greeshma C., Vimala College, Thrissur
41. Dr. Pius K. Jacob, Christ College, Irinjalakuda, (Coordenador)
42. Dr. Binu Ramachandran, Christ College, Irinjalakuda, (Comissão organizadora)
43. Dr. Neetha V., Colégio do Sagrado Coração, Chalakkuday
44. Jiji John, Colégio de Cristo, Irinjalakuda
45. Vandhana Bharathi C.V., Colégio Vimala, Thrissur
46. Maria Grace Joe, Christ College, Irinjalakuda
47. Dr. Ramachandran Kotharampath, Central Universidade de Kerala (Convidado principal)
48. Hafisa K.J., Christ College, Irinjalakuda
49. Arunima Venu, Colégio do Sagrado Coração, Thevara, Kochi
50. Keerthana Balan, Colégio de Cristo, Irinjalakuda
51. Dona Thomas, Colégio do Sagrado Coração, Thevara, Kochi
52. Sonu Das, Christ College, Irinjalakuda
53. Lekshmi Jayakrishnan, St. Aloysius College, Elthuruth, Thrissur
54. Saravanan G., Christ College, Irinjalakuda
55. Reshma M.R., Christ College, Irinjalakuda
56. Neethu M.U., St. Thomas' College, Thrissur
57. Rosmi Reji, Christ College, Irinjalakuda

58. Athira K.T., Christ College, Irinjalakuda

59. Amritha Jagannivasan, Christ College, Irinjalakuda

60. Bettina Benny, Christ College, Irinjalakuda

61. Drisya Mohan O.M., Colégio de Cristo, Irinjalakuda

62. Dr. Tessy John, Christ College, Irinjalakuda (Júri)

63. Dra. Saritha Ramachandran, St. Xavier's College, Vaikom

64. Jimsy Johnson, Christ College, Irinjalakuda

65. Divya K.A., CMFRI, Kochi

66. Renjith V., Universidade Central de Kerala, Kasarkode

67. Karthika Sadanandan, Christ College, Irinjalakuda

68. Jimmy Paul, Colégio do Sagrado Coração, Thevara, Kochi

69. Sudhin P.P., Colégio de Cristo, Irinjalakuda

70. Madhuri Menon, Christ College, Irinjalakuda

71. Aju K. Raju, CMFRI, Kochi

72. Praveen K., Christ College, Irinjalakuda

SEMINÁRIO NACIONAL SOBRE A DIVERSIDADE FAUNAL E AS TENDÊNCIAS RECENTES NA TAXONOMIA ANIMAL
dezembro r 20 - 21,2017

MIX
Papier aus verantwortungsvollen Quellen
Paper from responsible sources
FSC® C105338

Printed by Books on Demand GmbH, Norderstedt / Germany